踏着野兽的足迹

BAPTISTE MORIZOT
SUR LA PISTE
ANIMALE

［法］
巴蒂斯特·莫里佐
著
赵婕 译

中国出版集团　东方出版中心

走向旷野，万物共荣

2021年，当东方出版中心的编辑联系我，告知社里准备引进法国南方书编出版社（Actes Sud）的一套丛书，并发来介绍文案时，我一眼就被那十几本书的封面和书名深深吸引：《踏着野兽的足迹》《像冰山一样思考》《像鸟儿一样居住》《与树同在》……

自一万多年前的新仙女木事件之后，地球进入了全新世，气候普遍转暖，冰川大量消融，海平面迅速上升，物种变得多样且丰富，呈现出一派生机勃勃的景象。稳定的自然环境为人类崛起创造了绝佳的契机。第一次，文明有了可能，人类进入新石器时代，开始农耕畜牧，开疆拓土，发展现代文明。可以说，全新世是人类的时代，随着人口激增和经济飞速发展，人类已然成了驱动地球变化最重要的因素。工业化和城市化进程极大地影响了土壤、地形以及包括硅藻种群在内的生物圈，地球持续变暖，大气和海洋面临着各种污染的严重威胁。一方面，人类的活动范围越来越大，社会日益繁荣，人丁兴旺；另一方面，耕种、放牧和砍伐森林，尤其是工业革命后的城市扩张和污染，毁掉了数千种动物的野生栖息地。更别说人类为了获取食物、衣着和乐趣而进行的大肆捕捞和猎杀，生物多样性正面临崩塌，许多专家发出了"第六次生物大灭绝危机"悄然来袭的警告。

"人是宇宙的精华，万物的灵长。"从原始人对天地的敬畏，到商汤"网开三面"以仁心待万物，再到"愚公移山"的豪情壮志，以人类为中心的文明在改造自然、征服自然的路上越走越远。2000年，为了强调人类在地质和生态中的核心作用，诺贝尔化学奖得主保罗·克鲁岑（Paul Crutzen）提出了"人类世"（Anthropocene）的概念。虽然"人类世"尚未成为严格意义上的地质学名词，但它为重新思考人与自然的关系提供了新的视角。

"视角的改变"是这套丛书最大的看点。通过换一种"身份"，重新思考我们身处的世界，不再以人的视角，而是用黑猩猩、抹香鲸、企鹅、夜莺、橡树，甚至是冰川和群山之"眼"去审视生态，去反观人类，去探索万物共生共荣的自然之道。法文版的丛书策划是法国生物学家、鸟类专家斯特凡纳·迪朗（Stéphane Durand），他的另一个身份或许更为世人所知，那就是雅克·贝汉（Jacques Perrin）执导的系列自然纪录片《迁徙的鸟》（*Le Peuple migrateur*，2001）、《自然之翼》（*Les Ailes de la nature*，2004）、《海洋》（*Océans*，2011）和《地球四季》

（*Les Saisons*，2016）的科学顾问及解说词的联合作者。这场自1997年开始、长达二十多年的奇妙经历激发了迪朗的创作热情。2017年，他应出版社之约，着手策划一套聚焦自然与人文的丛书。该丛书邀请来自科学、哲学、文学、艺术等不同领域的作者，请他们写出动人的动植物故事和科学发现，以独到的人文生态主义视角研究人与自然的关系。这是一种全新的叙事，让那些像探险家一样从野外归来的人，代替沉默无言的大自然发声。该丛书的灵感也来自他的哲学家朋友巴蒂斯特·莫里佐（Baptiste Morizot）讲的一个易洛魁人的习俗：易洛魁人是生活在美国东北部和加拿大东南部的印第安人，在部落召开长老会前，要指定其中的一位长老代表狼发言——因为重要的是，不仅是人类才有发言权。万物相互依存、共同生活，人与自然是息息相关的生命共同体。

启蒙思想家卢梭曾提出自然主义教育理念，其核心是："归于自然"（Le retour à la nature）。卢梭在《爱弥儿》开篇就写道："出自造物主的东西都是好的，而一到了人的手里，就全变坏了……如果你想永远按照正确的方向前进，你就要始终遵循大自然的指引。"他进而指出，自然教育的最终培养目标是"自然人"，遵循自然天性，崇尚自由和平等。这一思想和老子在《道德经》中主张的"人法地、地法天、天法道、道法自然"不谋而合，"道法自然"揭示了整个宇宙运行的法则，蕴含了天地间所有事物的根本属性，万事万物均效法或遵循"自然而然"的规律。

不得不提的是，法国素有自然文学的传统，尤其是自19世纪以来，随着科学探究和博物学的兴起，自然文学更是蓬勃发展。像法布尔的《昆虫记》、布封的《自然史》等，都将科学知识融入文学创作，通过细致的观察记录自然界的现象，捕捉动植物的细微变化，洋溢着对自然的赞美和敬畏，强调人与自然的和谐共处。这套丛书继承了法国自然文学的传统，在全球气候变化和环境问题日益严重的今天，除了科学性和文学性，它更增添了一抹理性和哲思的色彩。通过现代科学的"非人"视角，它在展现大自然之瑰丽奇妙的同时，也反思了人类与自然的关系，关注生态环境的稳定和平衡，探索保护我们共同家园的可能途径。

如果人类仍希望拥有悠长而美好的未来，就应该学会与其他生物相互依存。"每一片叶子都不同，每一片叶子都很好。"

这套持续更新的丛书在法国目前已出二十余本，东方出版中心将优中选精，分批引进并翻译出版，中文版的丛书名改为更含蓄、更诗意的"走向旷野"。让我们以一种全新的生活方式"复野化"，无为而无不为，返璞归真，顺其自然。

是为序。

黄　荭

2024年7月，和园

目 录

i 前言

1 序章 走进丛林

15 第一章 狼的踪迹

40 第二章 一头站立的熊

63 第三章 豹的耐心

106 第四章 追踪的隐秘艺术

143 第五章 蚯蚓的宇宙论

158 第六章 追踪的起源

193 注释

204 致谢

前　言

*
"明天我们去哪里？"

当您读完这本书的最后几页，明天、后天及接下来的一个星期您将会去哪里？您也许会为带来这一出人意料经历的人所触动、所感染、所影响。我本可以写："是被冒险本身"，然而我对这个词能否传达史诗般的异国情调或是可预见的局面抱有一点怀疑。可能我用"启发"一词能更好地描述出巴蒂斯特·莫里佐向我们传达的东西。因为被启发，或者是成为启发者，意味着获取关于某种事物的认知，更确切地说，是获取使这一认知得以可能的艺术；而这一想法本身，与几个世纪之前参与神秘仪式的经验联系在一起，就像古时多神教孕育认知那样。

正因如此，这本书旨在向我们阐释一门很特殊的艺术，可以简要地将其定义为"追寻看不见的痕迹进行地缘政治的艺术"。诚然，这样讲，我们担心你可能会被吓到——你可能会怀疑，让一位面对"冒险"一词犹豫不决，却将"地缘政治"和"不可见"添入其中的人来为本书作序是否合理。

*
看不见的形式："存在者必留痕"

然而，没有什么比巴蒂斯特·莫里佐的计划更具体、更贴近土地和生命本身了。您怕是想不出比它更脚踏实地的计划了，严格来说，这个计划要求穿上结实的鞋子徒步，但更主要是促使我们重新学习确定土壤，注视土地，读懂灌木、草地上的脚印以及昏暗的矮树丛，探求堆积了标志和印记的沼泽以及不留痕迹的岩石，细看树干上黏着的皮毛、观察粪便四处散落的道路。因为这是那些我们称之为动物，而大部分时间又不出现在我们视野中之物表现它们存在的方式。有时是故意留下，有时是无心之举。追踪，换句话说，就是学会发现不可见的东西留下的可见的痕迹，或者是让不可见物现身。

让-克里斯朵夫·拜伊（Jean-Christophe Bailly）使我们想起：对很多动物来说，它们在自己领地上居住、生存在自己家园里的独特方式，在于从注视中消失——

"生存，实际上，对每个动物来说就是穿越可见并藏身其中。"[1] 我们中的许多人都有这样的经验，可能我们在森林里散步了几个小时也没有捕捉到动物的踪迹，甚至完全忽视它们的存在。我们在脑海中构建出一个不适合生存的世界，进而孤芳自赏。如果我们不对痕迹予以关注的话确实如此。但是只要我们改变散步的方式，以恰当的方式对其关注，学习组织痕迹的规则，我们就能顺着不可见的足迹，成为符号的解读者。每一个痕迹都是一次出现的证明，属于我们此时认识到的曾经在此处的"某个人"，而我们并不需要与之相遇。

*

地缘政治："追踪，就是一门探究其他生物生存艺术的艺术"

然而一次相遇发生了。但是和我们的第一反应略有出入，"相遇"一词在这里的含义发生了一点变化，变得更像动词，具有了始动含义，[2] 就是和那些动词形式一样，表示一个刚开始的动作——语法学家认为这些动词表示"从无到有的过程"。因此，巴蒂斯特·莫里佐所描述的那种相遇可以被分解为指引机制：追踪始终关注的是相遇之前的时间构成要素，而这个时间原则上永远不会停止重演（因为相遇之前的时间就是相遇的时间），它只针对那些溜走的东西（语法学家的东西很容易再次变成虚无）。

同样，追踪也使我们感知到跟随就是相伴而行。行走成了一个沉思性的行动。不是肩并肩，亦非同一时刻：在一个自顾自赶路的他者脚步留下的痕迹，同样是勾勒出其意图的符号，例如当它发现跟踪者时想要把后者甩掉的意图。"相伴而行"，既不同时，也没有互动，却是我们任凭自己被另一个生命教育的经历：任由指引，学习像他者一样感受和思考，而它自己，例如狼感觉到自己被尾随，正在试着像尾随者一样思考，我们将在其中发现一个故事；放弃自己的逻辑以求学习另一种逻辑，任由不属于我们自己的意图穿透我们。最重要的是，无论动物的意图和习性如何，都要根据动物留下的痕迹进行想象和思考，这样才不会迷失方向。最重要的是保持跟踪。追踪的艺术教会我们不要失去我们没有的东西。

因此，我们可以从开始了解的意义上"相遇"，而不一定要在同一时间、同一地点相互了解。远距离"同行"，更好地从中学习。调动想象力，与脆弱的现实保持联系。这就是美国哲学家唐娜·哈拉维（Donna Haraway）所定义的"没有亲近感的亲密关系"[3]。

通过间接的符号认识动物，可以归结为列一张习惯清单，这张清单上的习惯逐渐勾勒出一种生活方式，一种存在方式，一种思考、渴望、被影响的方式。

巴蒂斯特·莫里佐所提倡的调查方式首先意味着我们和其他生命之关系的一次重大转变。越来越多的人希望以另一种方式和动物们共存，梦想着和动物建立起旧有的关系、恢复对话，就像我们常说的那样。但怎么做呢？我们应该做什么呢？如何与对我们大部分人来说完全陌生的生物相处呢？针对这一点，莫里佐不乏幽默地强调，从20世纪60年代起，"我们将寻找智慧生命的目光投向宇宙。然而在地球上，智慧生命以千万种形式存在于我们之中，在我们目力所及之处，安静而不起眼"。[4]我们向宇宙四处发射波，也就是信息，我们在丛林里散步时就像一只喝醉了的狒狒一样吵闹，这只会让我们坚信自己在世界上是孤独的。是时候回归大地了。[5]

这一调查正着眼于此。作为一个地缘政治调查，它致力于找到如何与人类之外的其他生物共存这一问题的答案，它不再是一个回归自然的较抽象梦想，而是变得更加确切、更加实际。诚然，巴蒂斯特·莫里佐没有忘记追踪和猎人们最古老的实践紧密的关系，他也没有忽视，动物行为学正是在追踪中汲取灵感，而又给他的计划带来启发。这就是注意力的艺术。尽管如此，和猎人的古早行为不同，了解的目的不是占有；和动物行为学不同，不是为了了解而了解，而是"了解是为了在同一片土地上共同生存"。我们需要重新开始工作，进行追踪，这就是与非人类建立社会关系的可能性所在。

*

"除非改变实践，我们才摆脱形而上学"

追踪，就是一门看到不可见以求勾勒出真实的地缘政治地图的艺术。我们在其中看到，这些不可见现象中没有任何超自然成分，即使每一个发现都属于某种奇迹，而追踪的奇迹是"使符号显现出来"。此外，也没有什么是自然的：确实如此，如果以自然为参照就没有严格意义上的地缘政治了。因为自然这个术语，即使我们在像"到大自然散散步"这样平常的句子中使用时，它的含义也不简单。关于自然一词的含义，借鉴菲利普·德斯科拉（Philippe Descola），巴蒂斯特·莫里佐写道："它意味着是一个文明致力于将生命世界当作惰性物质来大规模开发"，并补充道"这个文明可不怎么讨喜"。即使我们决定和这一传统决裂，例如树立保护自然的志向，我们依旧无法摆脱这个词所要传达的内容，在这种情况下，在我们面前和我们身边的是一个被动的自然，总之是一个行动的对象——也是一个放松的场所和精神的宝藏。

莫里佐的计划也就要求我们放弃一种形而上学，这种形而上学已经在很大程度上证明了它的破坏力，而我们无法指望用更好的意图适应它。第一个需要被重新审视的是这个古老的念头：只有人类是政治动物。然而我们应该为这件事感到担忧，那就是当我们自称动物时，通常是为了显示我们的与众不同。但狼也是政治动物，因为它们懂得利用规则、划分领地、组织空间，也懂得行为规范和尊卑之分。许多社会性动物正是这样的。莫里佐重申，为了将这一理论扩展到其他动物身上，我们需要重新认识和动物之间真正的社会关系。例如，蚯蚓，它们的习惯可能和我们的习惯密切相关。追踪，和地缘政治一样成为一门提出日常问题的艺术，这些问题的答案将创造和谐、准备结盟或者防止可能的战斗，这是为了给它们找到一个更加文明、更加巧妙地解决方式："谁住在这里？他们如何生活？他如何在这个世界上安家？他的行为对我的生活有何影响？我们有哪些摩擦点，我们可能结成哪些联盟，我们需要制定哪些和谐共处的规则？"

*
"为了回家可能走的弯路"

紧随巴蒂斯特·莫里佐，我刚刚说到蚯蚓堆肥箱和其中的虫子像是一个社交场所。这个场所同样要求对习惯的精确认知，要求注意力、联盟以及妥协。这个例子给我们启发，是因为它向我们证明，成为动物"追踪者"、成为动物"外交官"实际上意味着改变思考方式、改变阅读符号的方式、协调生活习惯以及目的意图。追踪可以发生在远处或者是森林里，但并非必须如此。

巴蒂斯特·莫里佐说，这是因为追踪首先是一门"回家的艺术"。更确切地说，他想表达的这是一门"回自己家的艺术"。但这个"自己家"已经与之前不同，同样的，终于回到了家的"自己"也不再是自己。

追踪意味着学会重新发现一个适合居住、更加好客的世界，在这个世界里，"宾至如归"的感觉让我们不再变成贪婪、嫉妒的小主人（大自然的主人和占有者，这似乎是显而易见的想法），而是在其他生命面前赞叹生活质量的好室友。

追踪，就是培养习惯。这是自我的变异、自我变形："在自己身上激活另一具躯体的能力"人类学家爱德华多·维韦罗斯·德·卡斯特罗（Eduardo Viveiros de Castro）这样写道，追踪也是在自己身上重拾乌鸦跳跃着的好奇心，虫子的生活方式，可能和虫子一样感觉自己用皮肤呼吸，重拾熊类令人羡慕的耐心，而这种耐心豹子也有，或者是狼对待自己吵闹的幼崽的另一种不同的耐心。像巴蒂斯特·莫里佐说的那样："应邀融入另一具躯体。"

但是"所有这些很难写出一个万能公式，应该伺机而动"，他补充道。

日本作家水林章（Akira Mizubayashi）在他精彩的著作中讲述了他和一只名叫美洛迪的狗子之间悠长的友谊。作家提到法语不是母语，用法语来描写他和动物伙伴的关系存在一些困难。他写道："在漫长的学习过程中，我所拥抱并最终掌握的法语来自笛卡尔时代。在某种意义上，这种法语带有这一时代的基本特征，基于此，它可能会把在人类之外的其他生命体归入有待开发的机器。不幸的是，我不得不承认，笛卡尔的语言会使我凝视动物世界的目光稍有黯淡，而在蒙田笔下的动物世界是那么的丰富多彩，亲切富饶。"[6]

也就是说，我们继承了一门在某些方面加剧剥夺我们周围世界生命力的趋势的语言。仅仅一件事就能证明，比如布鲁诺·拉图尔举的一个例子：我们在语法分类上只有被动态和主动态。

像莫里佐那样，讲述追踪，讲述"回自己家"的效果，要求他学会摆脱一些词汇，巧用句法，力求详尽描述在场，或者更确切地说，描述在场的效果，以求提及穿身而过的诸如快乐、欲望、惊讶、不确定、耐心、时而害怕这样的情感。这是为了用对探索的书写来触及这一书写中所洋溢之物，就像他自己一样，在写作的过程中被打动。他应该扭曲哲学语言，使其陌生化，诗意地扩充语法，有时打造固定术语或是改变这些术语的所指（在别处，他又把它称作语意野生化[7]），因为我们所继承的术语没有一个能够讲述相遇之事，或者是等待时的优雅。换句话说，就是创造一种居住的诗学、经验的诗学以及在旷野中多身体的分身的诗学。

除了这本书告诉我们动物可以做什么，以及外出与它们相遇的人类可以做什么，除了关于以不同方式与他人共生于地球上的具体而极具创新性的政治建议，莫里佐特还邀请我们不仅探索我们世界的边缘，还要探索我们语言的最极限。这都是为了表述生命。

明天我们去哪里？然而，从开始说这句话时，我们就已经在路上了。

文西安娜·德普雷（Vinciane Despret）

序章　走进丛林

"我们明天去哪里？"

"到自然中去。"

长久以来，这个回答在我们这里是明摆着的，没有风险也不存在问题，更不需要被质询。之后人类学家菲利普·德斯科拉带着他的著作《超载自然和文化》[1]向我们走来，他让我们知道，自然的概念曾是西方人一种奇怪的信仰，是文明的拜物教。西方文明恰恰和被他们称作"自然"的有生命世界之间存在着成问题的、矛盾的、破坏性的关系。

因此我们在组织出行时也不能再这样说："明天我们到自然中去。"我们的言辞被剥夺，变得沉默，没有办法表达出简单的意思。"明天我们去哪里？"这句简简单单的话变成了一种有着哲学意味的结结巴巴的话语：如何用另一种方式表达出门？如何来讲述我们那些和朋友、家人或独自一人"到自然中去"的日子？

"自然"这个词并不纯粹：它意味着一个文明致力于将生命世界当作惰性物质来大规模开发，而又保留小面积的避难所，用来放松、运动以及充当精神家园。所有面对生命世界的态度都比我们想象的更加贫乏。德斯科拉眼中的自然主义就是我们对世界的概念：这种西方宇宙观一方面假设，人类生活在一个封闭的社会；而人类所面对的客观自然构成了另一个方面，后者是人类活动的背景。这个宇宙观将自然的"存在"视作当然之事，自然就是外在部分，它是我们探索或者用步伐丈量的地方。但是我们并不在那里居住，这一点是确定的。因为自然刚好只出现在和人类世界"内部"有区分的"外部"。

从德斯科拉那里，我们意识到谈论"自然"，使用这个词，激活护符，已经是一种暴力形式。这种暴力针对生机勃勃的土地的、针对和我们共同生活在地球上数以千计的生命，而我们希望给予这些生命有别于营养、毒素以及显微镜下样本的地位。德斯科拉并不是凭空将自然主义解释为"最无生气的"[2]宇宙。总之，不论是对个体还是文明，生活在一个最无生气的宇宙里确是有损健康的。

吉尔·哈弗在一本名为《森林行者的历史》的书中写道：出于本能，美洲原住民的一支阿尔冈昆人"和森林保持着社会关系"[3]。我们可能会对这一奇怪的观念感到震惊，而这正是本书想参考的，本书将依循这个路径展开。借助踪迹的哲学叙事、实践叙事，以迂回的方式让我们以不同角度看待有生命的世界。我们也想以此方式向这个观念靠近。为什么不尝试通过"实践"构建一个更加可爱的宇宙观呢？也就是说使实践、感受以及观念交织在一起，因为仅靠观念改变生活并不那么容易。

但在向着这一目标前进之前，首先应该找到另一个词来回答"我们明天去哪里"，并且回答那些想要搬离城市的人未来的居所。

数年来，这个问题困扰着参与"自然"实践的我们。我们在起草计划时不能再使用我们"到自然中去"这样的字眼。需要找到一些摒弃这些语言习惯的词汇，一些使我们丢弃拼接式的宇宙观的词汇。这种应该被丢弃的宇宙观将环境的贡献视作宝藏或者是将自然视作藏宝地。它使我们与我们脚下生机勃勃的土地相分离，而这土地是我们的立身之本。

以不同方式回答"明天我们去哪里？"这个问题不同以往的第一种新回答是："外出。"明天，我们外出。就如沃尔特·惠特曼（Walt Whitman）所说，"与大地同吃同睡"[4]。这是一个暂时的解决方案，但是它至少打破了过去的习惯。而对这个新说法的不满足又会促使我们寻找其他回答。

基于我们古怪的行动，第二个为我的朋友们所接受的说法是："到灌木丛去。"明天，我们到灌木丛那里去。那里的路没有路标。当我们身处其中时，我们的移动不取决于道路。因为我们将要进行追踪，我们是周日时分的追踪者。因此，我们沿着野猪和袍子相混的踪迹走过灌木覆盖的土地。我们对人走的小路不感兴趣，除非这些小路唤醒了狐狸、狼、猞猁、貂等食肉动物的地缘政治意识，继而它们在此标记领地。这些动物喜欢人类的小路，许多动物借用人类的小路，是因为这些路的标志、徽章以及旗帜更加显眼。

追踪，就是解读和阐释痕迹和印记，这是为了重构动物眼中的世界。探寻这个由迹象组成的世界，这些迹象揭示了动物们的生活习惯，和我们人类的共处方式以及和其他事物打交道的方式。我们的眼睛习惯了开阔而无遮挡的视野，在开始将视野滑向地面时，感受到的只有困难。地面上的风景就在我们脚下，发生在我们脚下。土地是符号繁多的新视阈，从今以后，它值得唤醒我们的注意。在这个新的含义上，追踪也意味着探寻其他生命的生活艺术，植物社会、无处不在的活跃土壤的小型动物，以及它们之间和它们跟我们之间的关系：从人类土壤使用角度的益害。我们不将注意力集中在这些生物上，而是集中在它们之间的关系。

到灌木丛中去不等于到自然中去：这不是为了记录

山峰的海拔，也不是为了把如画的全景尽收眼底。这是把在风景中有狼经过的山脊、把有鹿走过的河岸、把有啄木鸟啄过的树干的冷杉林、把熊出没的欧洲越橘地，以及把被鹰类粪便出卖了巢穴所在地的岩石峭壁当作目标……

出发前，我们试着在地图上和互联网上标注森林中的小路，啄木鸟能沿着它找到最喜爱的两个树丛；标注游隼能够藏身的峭壁；标注人类和狼群在白天和夜晚的不同时刻共享着的小路。

我们不再闲逛，不再寻找那些我们偶遇的远足的路径的符号，并对这些路的存在感到震惊而不太理解他们的特征。我们慢了下来，我们的前行不再以公里计，我们回过头来寻找痕迹，有时候我们一小时只移动了两百米，就像在安大略省的一条河边一只驼鹿打转时留下的痕迹一样：在一个小时的追踪过程中，我们先是跟丢了它，然后重新找到它的痕迹，我们思考选择为了找到下一个印记可能出现的地方，或是为了找准出发点。通过它新鲜的粪便，我们判断它夜里可能在冷杉林旁边休息。我们将"到灌木丛中去"，这本身就已经是一种讲述和行事方式了。

当然，重要的并不是找到一个新词，并强制所有人用它来代替"自然"一词。我们应该做的是组织一批补充替换词,以求用不同方式讲述并践行我们和其他生命之间最日常的关系。

一天早上,正当我阅读一首诗时,第三种用来代替"在自然中"的说法在我脑海浮现。但我们却不怎么使用它,尽管这种说法是有魅力的。这个说法就是:"在旷野中。"明天我们到旷野去。这个说法吸引我的地方在于,法语语法的条条框框,促使我们听到与说法本身完全不同的意思。这是充满诗意的。这个说法是怎样促使我们从其中听出和空气最对立、最互补的元素:"土地"一词灌入耳中,然而这个说法甚至连一个字母 t 都没有。法文词汇"土地"以字母 t 开头,t 充当的角色就像是爬上桅杆的瞭望水手,当它看到陆地时会大喊:"陆地!陆地!"

在空中,也意味着将双脚落在大地上,就像布鲁诺·拉图尔(Bruno Latour)所说的,重新变得老土世俗。我们所呼吸的四周的空气,来自光合作用。它是我们踱步走过的草地和森林的呼吸的产物,它们是我们走过的鲜活土壤对我们的馈赠。也就是说,空气源自土地的新陈代谢。从字面意义上来说,大气环境是有生命的:它是有生命物的影响,也是有生命物为了自己、为了我们所维护的空间。

"在空中",土地在视觉层面被藏了起来,其中的秘密却逃不过耳朵。只要我们在其中听到了土地，从此我们将不再能够忽视它。就这样，这个有魔力的表达援引了另一个世界，在那里，不再有天地之分，因为空气是绿地的呼吸。缥渺和实体之间的对立不再有，悬在我们头顶的天空也不复存在。我们已经身处天空，只要土地是有生命的，天空和土地就并无分别。这就是说，土地由有生命物的呼吸作用构成，它为我们创造了生存条件，并使我们活着成为可能。生活在旷野中，并不意味着生活在远离人类文明的大自然中，因为除去那些大型商业中心，旷野无处不在，并不只存在于户外。它可以充斥我们家园的任何一个角落，只要我们的家园建立在有生命的土地上。每一个生命和其他生命在那里一起生活。

然而，"在旷野中"的要求有些高：只过都市生活使我们很难接近旷野。因为这种生活，切断了我们和生物质能回路的联系，也切断了我们和其他生命形式的元素的联系。在城市中心，接近野外是通过追踪迁徙的候鸟或者是阳台上种植着的永续栽培菜园之间的"地缘政治"实践来实现的。也就是说，通过思考一株西红柿的来历，来感知自己可以在哪一块土地居住，在哪一种阳光下生活，这株西红柿是在哪一块土地上，在我的注视下长大的。我们将厨余垃圾和头发投入蚯蚓有机质处理器中，来激活我们与其中的蚯蚓的关系，以求观察和实现太阳能的生态动力循环，来取代将厨余垃圾、头发等扔进无生命的垃圾桶。虽然困难重重，但是我们在城市里依旧可以到空中去。带着一些生态敏感性，我们就能感受到生机勃勃的土地的召唤。感觉到我们自己对春天的依恋，通过一些生命的迹象来感知到春天如何一点点来到城市中心是多么令人着迷。

在旷野中，就是被环绕着自己的空间养大，同时又双脚着地，宛如躺在一头神奇动物身上。这个巨大的动物重新变得充满活力，承载着符号和巧妙的关系。环境扮演了给予者的角色，它的慷慨终于得到承认。我们不再依照那些鼓吹粗暴对待土地迫使其供养我们的神话行事。

在旷野中，就是身处有生命的大气中。它是植物呼吸的产物，来自植物，转而又构成了我们。这承认了旷野和土地由同一种组织构成，是侵入式的，有生命的，由生命体构成。在其中，我们和其他生命体互视对方的缺陷，也正是这样，我们和其他生命之间多了一分外交的味道。

到旷野去，使人变得活跃开阔，让人回归土地。

我们偶然所得的最后一种说法对以上全部做了一个总结。这个词来自魁北克地区皮毛贩子口中的古法语。每次回到城市进行过交易后，他们用这个词来命名他们到旷野中去的后续行动。他们会说："明天，我会离开，我要到森林中去。"

到森林中去，作为代词式动词，它构建了双重含义：我们到森林中去的同时，森林也来到我们中间。到森林中去并不意味着严格意义上的森林，而仅仅指我们和生机勃勃的土地存在另一种关系：一种以别样的方式来丈量它的双重运动。一种是以另一种注意力，以另一种形式的实践来和森林建立连接；另一种是任由自己被森林占据，被森林包围，让森林进入我们的生活。塞文的松树林向着村庄逐渐扩张，占据了过去游牧民族的废弃草场，就是例证。

踪迹的这条哲学内涵变得丰富，它将我们置于"到森林中去"这个计划的道路上，它促使我们把目光从日常生活中移开。追踪与野外采摘之类的活动类似，这些活动需要对生态关系十分敏锐。生态关系将我们和充满生机的土地紧密相连。这种生态敏感的追踪开启了和有生命世界的另一种联系，这种联系既是冒险的，又是热情好客的。具有冒险性是因为在这种联系中会发生很多事情，一切都在运行着，一切又都有点离奇色彩，包括花园角角落落里的所有关系都值得探索。更加热情好客，是因为自然不再以沉默而停滞的方式存在于虚无的宇宙中，而是和我们一样有了生命。这些重要的逻辑可以辨认，但始终神秘莫测，其中的部分奥秘永远无法通过研究来揭开。

这条到森林中去的道路在一则禅宗小故事里隐现,我似乎在其中看到了我们追寻至此的道路。"一个和尚站在大雨中,背向庙门,目光在山脊上来来回回扫视。一个小沙弥从庙门里探出头来,袈裟裹得严严实实,对和尚说:'回来吧,不然你会死的!'一阵沉默后,和尚回答:'回去?我没有意识到我在外面啊。'"

从某种意义上来说,我们厌倦了总是在没有生机的户外寻找生命和如画的风景。从今往后,所有地方都具有了人类特性,一切都在呼吁我们应该在共享同一个大地缘政治的前提下共存。作为一个追踪爱好者,我们试着成为外交官来面对那些以各自独特形式和我们共同生存的生命。我们可以试着成为一个"图斯曼",即中间人。"图斯曼"是一个优美的古法语词汇,它原本被用来指代异乡人。这些异乡人是一些年轻的法国皮毛贩子,尚普兰的萨缪尔与他们同行,并把他们留在阿尔冈昆的领土过冬。这片土地就是后来的加拿大。尚普兰之所以这样做是为了让这些年轻人学习当地的语言和所谓土著人的习俗,使他们今后成为身着礼服、蓄长发、插羽毛的国家间的外交官。

这意味着同样成为皮毛贩了,但要面对的"野生动物"却不尽相同。到森林中去像是一次在森林里过冬的尝试。从野生动物、窃窃私语的树木、生机勃勃的土地上以及与可永续栽培的蔬菜相关的植物的角度看,过冬地点不是在那里，而是在这里。在森林里过冬是为了借野生动植物的视角进行观察，了解它们的风俗习惯，了解它们不容忽视的多宇宙观点，并和它们建立最密切的关系。这需要有交际手段，因为我们对这个混合群体的语言和习惯并不了解，而它们也生性不善交流。尽管条件如此，我们还是要和它们进行交流，只因为我们有相同的祖先。为了"到森林中去"，智力、想象以及一种未绝的奇巧悬念不能够缺席。这是为了试着解读它们的行为、它们之间的交流以及它们的生活方式。

人类学家列维-斯特劳斯（Lévi-Strauss）在一篇著名的文章中力挺这一观点：人类不能与同住地球其他物种交流，是一种悲剧的和受到诅咒的境况。当我们问到他什么是神话时，他回答道："如果您把这个问题抛给一个美洲印第安人，后者的答案很有可能是，神话是那段人与动物还没有划清界限时的历史。"在我看来，这个定义似乎过于深奥。这是因为，尽管基督-犹太传统试图掩盖这种境况，但对心灵和精神来说，这种境况似乎仍然是最悲剧、最令人恼火的。人类和大地上的其他生命分享喜悦却无法交流。我们理解神话拒绝将这种造物的瑕疵视作原本就有的；神话将人的状况而不是人类的残缺视为它的开端。[6]

或者说，这种"造物的瑕疵"在某种意义上是一种精神视角：交流是可能的，尽管实现它困难重重，尽管它总是造成误解，尽管它总是给秘密镶边。除了在将其他生命视作机器，视作由本能决定的物质，或者是完全受力量对比关系操纵的异质的文明里，交流一直存在。

如果说列维-斯特劳斯对神话的定义至少正确，那么追踪似乎以一种神秘的方式，作为一条检验并走入神话时代的可能道路。

这种无法区分人与动物的状态，这种在自我和他者之间转换的经历，实际上伴随着整个追踪的过程。为了解读动物留下的痕迹，我们需要站在动物的角度进行观察。通过追寻动物的痕迹，找回节点和不同生命存在方式的相似之处，以另一种方式找回自身生命的问题。为了找到狼，就在自己身上寻找与狼的相似之处：尝试着脱离人类的生命形式以寻求和其他生命的共同点。比如，在一条羊肠小径上踱步。对一些羊肠小道，我们没法获知它们属于动物还是人类，因为我们无法瞥一眼就确定谁是建造者。通常，一条小径是由包括人类在内的好几种不同的生物共享、共同设计、一起建造的。它们往往从以相同的开拓者的视角，出于同样的理由做出选择。鹿的小径是天然的；而野猪的小径因为贴地，在地表植被覆盖密实处变得崎岖；岩羚羊的小径通常过于陡峭，因为它和鸟类一样既可以在地面又可以在空中生活，所以她们能看惯水平小径，也能看惯竖直的小径；而狼的小径则最适合踱步。

大型动物面对着相似的迁徙挑战，它们往往有着同样的迁徙方式，都要寻找一条开辟好的道路，一条最优的路径，一条用来饮水或是仅仅为了享受水带来的强烈愉悦的溪流，一缕能在它刚刚翻过寒冷的背斜谷后晒暖他的皮毛的阳光，一个山谷上方伸出的能帮助我们辨认方向，以便预判正午时分的阴凉，并绕过山峰的观测点。一般来说，狼的小径是最好走的。这也就是为什么人会自然而然地沿着属于一些身体较肥胖的动物的小道行走，这也是为什么在这些小路上，并通过这些小路，我们找到了人类和动物不分彼此的时刻，后者证明了人和动物的相似性。人和动物以同样的眼光审视道路，同为哺乳动物，它们冒着同样的风险，以相同的方式思考、做决定。尽管人和动物不尽相同，尽管有着他者难以接近的独特之处，它们在生命的问题上依然存在某些共同点。在森林中进行追踪时，这些共同点会表现出来。例如，因为我们知道天气炎热时动物会到潺潺溪水边，我们重新找到了跟丢的动物的踪迹；或是因为我们提前知道居住在这个山口的狼，会出于让所有动物知道这是它的领地的目的留下标记，我们也的的确确在那里找到了狼的踪迹。我们在不经意间践行了神话时代的经验：在那时，动物是否通人性的区别并不明显。

作为一个合格的中间人，按照预期，人和动物之间的"外交官"应该到森林中去，到那些生命中。甚至只待一两天，回来后都会自然地拥有一丝旷野气息，而不是那种被强加给他者的带有奇幻色彩的野蛮。这些到森林中的中间人旅行回来后就变得有些不同：他们似乎成了混血儿，骑马往返于两个群体。他们既没有变得可耻，也没有得到净化，只是变得有些不同，并能够在不同的群体中往返并促进交流，以求建立一个共同的世界。

地球——我不奢求更多
我不要求星座更近，
我知道它们适得其位，
我知道它们对生活在其中的人来说已经足够好了。[7]

第一章　狼的踪迹

这个故事发生在夜里。我记得是7月24日，一个与羊群共度的夜晚，我们两个人结伴而来，既要阻止狼靠近羊群，也要了解狼与人类社会发生冲突的关键时刻：野生动物攻击家畜的夜晚。和牧羊人聊天时，我们萌生了一个想法：为了亲身经历、亲眼见证冲突的萌芽状态，为什么不带着目的去羊群中度过几个夜晚呢？去体验一下目前整个社会都在关注的"狼卷土重来"这一冲突。我们跟着羊群来到坎朱尔（Canjuers）高原。这里是一群或几群狼的家园，狼对羊群的攻击非常致命：生态、历史和牧业条件在此交汇，成为攻击的催化剂。

坎朱尔高原是一片军事禁区，轰炸时有发生，坦克不时经过。当我们行走在这片荒无人烟的土地上时，炮弹声不时传到我们耳中。远处依稀有几个村落。植物在这片荒地肆意生长。

我们在米埃洛峰（Mièraure）对面的山脊下驻足。当时是二十二点。四下里没有一点声音,我们支起帐篷,用美洲原住民的肢体语言交流,唯有嘴唇偶尔扬起微笑的弧度。天气冷极了。一轮铁锈色的月亮悬在大约一千两百只羊的上方。这些羊并不怕冷,刚好适应严酷的气候。我伴着月亮,直到凌晨一点才走进帐篷里。贫瘠的土地和日间的酷暑使羊群不得不整晚进食。大型羊群就像椋鸟一样活动,完全暴露在捕食者的威胁之下。七条混血牧羊犬(比利牛斯高山犬和安纳托利亚犬的后代)的吠叫声此起彼伏,之后便安静了下来。我躺进自己的睡袋。

凌晨三点半,犬吠声将我唤醒。牧羊犬们在防御,因为它们知道它来了。犬们分散开来,将羊群围在中间组成防线。我腰间别着一个关着的手电筒,向着羊群,悄悄地顺着山坡走下去。我选择从羊群下风处行走。薰衣草香极了,月亮在我身后洒下美丽而皎洁的亮光。犬吠声带来混合着肾上腺素的恐惧感。在羊群上方大约一百米处,我在暗处一动不动,驻足了好几分钟,张开嘴以便更好地捕捉周围的声音。

也就是在驻足处我听到了一些声响,有一个物体正朝我靠近。它在碎石路上倾斜着小跑,在我身后离我十来步远的地方,踩在了我留下的脚印上。我想着或许是一条因打斗而兴奋的比利牛斯高山犬,不禁战栗。我听过一些牧羊犬咬掉兽医胳膊的可怕故事。

我看到它先是斜着跑了六十来步。在月光下，它通体深灰，肩膀力量十足，而我从没有在任何一只狗身上见过如此模样。它身体修长，尾巴直挺挺地朝向地面。它散发出一种力量，一种毫无疑问属于野兽的力量。在离我四十步的地方，它突然停了下来。

它感觉到了我的存在，转头朝向我。

它盯着我看了两秒钟，似乎这两秒很漫长，而我正好需要这两秒钟从腰间拔出手电筒。我打开手电筒照向它，而它在光柱照去之前转过了脸。它向着小树林逃去。我恐吓它，然后为了截断它的道路，我改变了我的路径。我觉得我是想吓唬它，让它逃走，好离羊群远远的。但是我对这个过于冲动的行为的意义感到不确定。我攻击它可能是为了驱散自身的恐惧。

它有没有闻到我的气味？我在下风处，但是风很小，空气几乎不怎么流动。我觉得也许是我的身影出现在它的视野里使它感到惊讶，因此它像是审视自己的同类一样，脸对着脸地审视了我。

它消失在古尔东树林边上的一小丛孤立的树木后面。我走了进去。树木又矮又密，我从庇护所一样的黑松林下经过，在其中翻找了几分钟。狼消失不见了。

尽管感觉和理性预言它应该在这里，但还是不见踪影。

我意识到我的行为之荒唐，以及它所带来的无谓危险。就算狼躲藏在此，让它陷入困境也毫无意义。

于是我回到羊群和树丛中。牧羊人菲利普告诉我说，通常情况下，狼会返回来寻找被杀掉的动物，或是等着羊群走远一些，等着牧羊犬们分散开来再回来碰碰运气。狼没有再来。它无法做到悄无声息，因为这里的碎石路使无声的行动变得不可能。它奔跑时的巨大噪音最令我震惊：它是猛兽，但不是猫科动物。

我坐在薰衣草间吸了一支雪茄。我担心自己到得太晚。狼似乎又一次靠近了羊群。要等到天亮才能看到损失情况。我本该早一些来的。这里狼群袭击频发，我做的不值一提，但是我会对自己能给羊群带来一夜宁静感到高兴。

狗终于安静了下来，分散到羊群四周。它们每隔五分钟零星地吠叫几声，这是为了展示它们的位置，保持清醒，鼓足勇气。它们完成了一项令人称道的工作。我在夜色中被它们这种守卫者的矛盾忠诚感动。在这个晚上，牧羊犬们很好地服务了将自己饲养长大的人类。而人类饲养它们就是为了对抗狼群，保护羊群。狼是牧羊犬们的祖先，羊却是它们的猎物。牧羊犬这么做，是为了得到奖赏，而奖品却来自受它们保护的羊，尽管牧羊人有时会给牧羊犬喂动物尸体。在这场倒错的游戏似乎有些疯狂成分。

在美洲原住民的手语中，用右手的中指和食指比出一个"V"，从肩头出发斜着向前伸向天空，表示狼。而表示狗的手势则同样是一个"V"，不过却是斜着向后伸向地面的，和狼的正好相反。

我在脑海中回放了一下场景。

凌晨四点，我和狼隔了大概四十步的距离相遇，那场景更像是两个人面对面。

这很荒谬，但这是我能想到的第一个最清晰的表达方式。这种印象，成为一个待解之谜。它完全不是这个老掉牙短语所暗示的那种"男人对男人"的对峙：这也是我不明白为什么它会如此自然地浮现在我脑海中的原因。在这三个词中，我们还能直观地感受到一些其他东西，但又是什么呢？

我没有看到它的脸，因为我拿手电筒太慢了。（教训一：练习快速拔手电筒；教训二：捕捉到狼需要极度的精确、修行、无法预料、安静以及隐形能力。）我没有分辨出它白色的面部特征，也没有分辨出我想象中它竖起的耳朵。

但它盯着我，不，是盯着我的脸；也不是，其实它是盯着我的眼睛。"你突然记起自己有一张脸。"[1] 这个记忆在我们"遇见"过了狼的感觉中扮演特殊角色。和狼的目光接触是一个哲学谜题。为什么一些动物会本能地与我们对视呢？如果它们把我们视为靠物理力量驱动的躯体，是滚落中的石块，或是树木；或者它们并不把我们看作什么，而是单纯地将目光扫过我们身上，而没有和我们对视。这个场景下，它们与我们对视，说明它们知道我们眼里藏着一种意图，好像我们眼里有东西值得一看，又好像透过我们镜子一般的眼睛看到我们确实有灵魂。我不知该如何表达。目光接触显示出动物看待我们的方式。在动物眼中，我们有内在性，但我们疲于以同样礼貌的眼光看它们，尽管它们的动作说明，岩石间、森林里、白云下的相遇，只能发生在两个有内在性的个体之间。

外观生物学家阿道夫·波特曼谈论过动物和人类的头部在相遇中的优先地位。他提出大脑的复杂程度和外表的关注度之间的联系，在他看来，动物的大脑越发达，它在外观上的表现就越强烈。对一些动物来说，这正是它们头部出现的原因。头是可见的器官，通过一系列的饰物、对比、对称都表明它是一个指挥中枢。波特曼补充道："在动物身上，最高程度上的个体存在，是表现它们内心世界的可能性，这都是为了相遇。"[2]

这是一次在夜间的催眠性的相遇。夜间属于另一个维度，而不属于人类。因为在夜间，事物形状的模糊不清阻止了生命的辨认和空间的掌控。在这印象的王国里，动物通过听觉和嗅觉探索四周，古老的感官重占主导。在夜间，生物学知识不再清晰，因为解剖需要光线才能进行。需要另一种语言：我们看到了"狼的印象"，空间和时间的综合体，想象填补了视线的缺失。见到狼人这种怪兽似乎如此自然。

严格来说，我遇见的是一个"狼形"，而不是动物学意义上的狼（*Canis lupus*）。

但这确实是一头狼。

我为何如此确信呢？在那种灵动却又难以捕捉的思维活动中，我的视线后藏着怎样的神秘推理呢？为了重建阐明推理，我花了几分钟对逻辑前提进行展开。离开羊群后，我听到了羊群四周兴奋的犬吠声。所有的护卫犬都吠叫着、嗥叫着以驱赶捕食者，互相示意位置，互相鼓励。但在石子路上的那一头却是不声不响地迂回着靠近我。我听到了被包围的动物的声音，但围猎者却无声地在羊群四周活动。

也就是因为这样，我才瞬间下意识地明白了这不是一只狗。狼和狗祖先相同，能让我们把狼和狗区分开还有它的体色，菲利普所有的狗的皮毛都泛白；奔跑时它的尾巴笔直倾斜向下，尽管狼和狗有相同的祖先，但狗的尾巴却是卷曲的；然后就是狼那副捕猎者偷偷摸摸的姿态；再加之那份观察者和估量者的安静，就像是狗的祖先那样，并不吠叫。

在美洲原住民的手语中，用中指和食指比出一个大写的"V"伸向天空来表示狼。而同一个"V"，中指和食指指向土地则表示"进攻""捕猎"。

那么，这种"两个人类对视"的感觉从何而来呢？有一种解释是人和人直视对方时的怪异之感。我认为我的大脑接受了这个解释，而不是将它愚蠢地解释为雄性间的冲突。

为什么与其他动物相比，一些动物更乐意和人类产生交集呢？

因为人和狼同为超级捕食者吗？因为两者在"生物群体"中都属于次级生态消费者吗？因为两者都是社会化、有等级、分布广，从戈兰高地到两极圈内广大地域都能适应的哺乳动物？抑或因为两者都是不知疲倦的探索者、充满好奇心的渔猎技巧学习者？我不清楚。

草原上的牧羊人菲利普见识过狼在集体捕猎时的智慧，并把这种智慧和自己捕猎源羊和岩羊的策略进行比较。家族的生活方式、共同养育幼崽、学习捕猎技能、分散居住避免乱伦：这个吉尔吉斯人特意列举了这两大捕食者群体的共同点。尼古拉·莱斯屈勒（Nicolas Lescureux）是人种学家，也是动物生态学家。他曾经采访过一个游牧民族的牧羊人，后者这样回答道："我和我的孩子们讲起狼。（……）这是为了让孩子们专心，或是为了和人类做对比……例如，人类的父母会给孩子他们所拥有的一切，也就是说，所有这些东西，都是为你的孩子们准备的。狼也是这样。当它们在野外进食后，它们不消化食物，而是等回到窝里后把食物吐出来……是的，这就是精明的（kyran）捕食者们的相似之处。"[3]

同样的，在和羊群度过一夜后，我做了这个假设。因为目击者在狼为了使某一只羊离群，试图误导牧羊犬的小偷小摸中发现了强烈的意图性。这种意图是智慧的、审时度势的、策略性的，用一些手段来达到目的，坚决而执着。

它的袭扰技术颇为耐人寻味。它似乎明白狗不能远离羊群，否则会留下防御缺口。因此狼在"防御堡垒"四周打转，就像是平原上的印第安人使用的游击战策略，寻找防御最弱的一个侧面，以便在牧羊犬追过来时快速撤退。这是好战的游牧民族弓箭手的典型策略，阿提拉手下的匈奴人和成吉思汗手下的蒙古人就是这样。在蒙古民间传说中，这些人从狼群身上学到了战争策略：保持机动性，向着敌人前进，当敌人太强大时就战略性撤退，以避其锋芒，而在其他地方迅速进攻。这是一种围困状态，在这种状态下，狼以一种奇特的意图和可见的智慧，似乎在实践和实验战术。

红外线摄像机曾拍下一群狼攻击羊群的场景。狼群先派出一个"侦察兵"引诱牧羊犬远离羊群，之后再派出另一个"侦察兵"接力，而其余的狼则包围羊群展开攻击。从战略层面讲，这场牵制攻击可以作为案例讲给军事学员们听。

这像是人和人对抗的场面，因为需要依靠诡计、决心以及使罗宾汉式的对手的震惊的力量。

于是，狼成了一个主体。在西方自然主义本体论中，动物一直以来是被动的客体，是人类注视下的有生命物。首先，这可能因为动物主要被视作人类的食物和工具。但是当一个生物躲过了我们的警惕和打破我们的预料，当我们在它自己的道路上遇见它，它就成了主体，而我则成为客体。这是形而上学的局部翻转。

在美洲原住民的手语中，V字形指向天空的手势代表着狼。同样的手势，分毫不差的手势，在波尼部落那里意味着"人"。

狼是那么少见，而我碰见狼又把它赶走，在统计学意义上是多么特别啊……但可以说，狼也没料到会在凌晨四点时，在一个孤立的羊群里遇到人。风为他打掩护，腹股沟和腋窝蹭过薰衣草，掩盖了他的气味。明天我要到灌木丛生的石灰石荒地上过夜，就在对面的那个山坡上，为的是唬住狼，并保持不动，随时准备拔出手电筒。（次日的记录显示，我们什么也没听到，什么也没见到。）

我守在一个岩洞里，位于羊群和它消失的林子之间，周围是无遮无拦的灌林丛，一目了然。我将在这里守到天亮，如果它已经杀死了羊，我的在场将阻止它回来找回猎物；如果没有杀死，我也能防止它回来再次捕猎。

从来没有一个夜晚如此属于我。在薰衣草丛里我仰躺着吸烟，守着羊群，帽子盖在半闭着的眼睛上，羊的咩咩声从低处传来，我浸在一轮锈色月亮撒下的月光里。还有牧羊犬的吠叫，它们以强硬的姿态守卫着羊群城堡的大门。这座城堡是可移动的，形态繁多，就像鱼群一样。狼群包围了城堡，寻找着防御的缺口。我借用一位著名的阿塔帕斯坎印第安首领之名，将狼的这种行为命名为"围着城堡转圈"。

我就着月光展开地图。在坎朱尔高原附近有很多带"狼"的地名：狼蹭痒（Gratte-Loup）、神圣狼（Saint-Loup）、狼之山坳（le Cros Loup）、狼平原（la Plaine du Loup）、雌狼（La Laouve）（这个名字可能来自 éouvé：橡树种植地）。

地名学告诉我们，过去这片旷野到处都有狼的身影，它的踪迹正好出现在那些以它命名的地方。也许这就是一些人所说的"在家"吗？2012 年 1 月，我们在雪地里跟踪过的第一头狼是一壮硕的领头狼。它疾步行走，留下令人惊讶的标记。低头查看它留下的印记后，我们冲着低矮的树丛抬起头，明确感觉到自己像是在某个人家中。森林中狼的回归让我们不再确信自己是这片土地毫无争议的领主，也不再认为这些森林完全属于我们。

离天亮还有一段时间，我在月光下的笔记本内页上写下了这歪歪扭扭的几行字。

这次相遇唤起了另一次相遇的记忆。我们在夜幕将至时行走，准确来说那是个分不清敌人和朋友身影的时刻，我们轻触苔藓，避免发出咔咔声和留下颤颤巍巍的痕迹。卜伦森林（Boréon）是一个会动的森林。在柔灰的夜色里，石头尖端部分突然飞走变成了一只山雀。它从一截树桩的中心螺旋式飞起，展开一幅山雀的翅膀，在我们从枝叶中认出它们是戴菊莺前就已经飞走。森林一块块地，一片片地飞走，之后又重新组合起来。细雨像一只狗追逐小鸟一样，扬起了气味。雨滴落下，湿润的泥土气味升起。这是和土地、水、空气的相遇。

伴着一阵湍急的水流声，我们靠近了狼群的领地。我们光着脚，成百上千的冰碴儿在我们皮肤上融化。突然，在水流嘈杂的歌声中夹着一声轰鸣，这并不是两块石头间撞击的水声。我竖起耳朵，张大嘴，以便听得更清楚些。这多声部的声音又一次穿越水流声的迷宫传入我耳中。我感觉这不是水声，也不是四周湍急的激流声音，而是狼群发出的蕴涵着多个声部的嗥叫。

我身上还存有远古时代作为猎物的部分记忆。这部分记忆储存在嗅脑附近，是一个关于被捕食的动物的过去。听到这样的嗥叫，被捕食者内心已经瘫软下来，瞬间被带回四万年前，带回到更新世蕨类植物的森林里，站在叶丛里，鼻孔向上，就像是站在石头上晒太阳的田鼠处在红隼投下的阴影中的那个瞬间，也像是在鳟鱼跃出急流水面，被耐心的熊一掌捕获的那一刻。

瞳孔收缩，一阵长长的寒战好像在脊椎骨之间传递。我在寻找一个准确的词，一个精确的词来表达刚才发生的事情的过程中，我们偶遇了一个精神世界的秘密，这个秘密重复着：恐惧，这是恐惧。试观此人，一个猎物，也是如此。

我继续仔细听着，嗥叫声消失了，这些嗥叫声完美融入了急流中的音响漩涡。这样的叫声里不包含战争，它只是一声在人类听来有些忧郁的、音乐性的呼唤。我不确定是否真的听到了这个声音。我转向同伴，她站在我身后，脚浸在急流里。她身体紧张得像弓一样紧绷，目光灼灼，一动不动，和我看着同一个方向。

在美洲原住民的手语中，右手张开，掌心朝上，手指伸直打在胸前的姿势有着奇特的多重意义。我们可以把它笨拙地翻译为"自己"。这个手势搭配表示"赠与"

的手势，就意味着免费的赠与，不求回报。

狼为什么能在这里生活呢？我童年时，每到周日就在这里散步。这座山向游客开放，它是一座变化中的博物馆，在这里，崎岖的小路连接起壮阔的风景画；它也是一座露天农场，温顺的动物们在这里生活。狼已经有半个世纪没在这里出现过了。为了黄金三十年的发展规划"自然—娱乐—环城市"格局最终又被黄金三十年的成功发展稳固，而这一规划也使狼在这里绝迹。但奥尔多·利奥波德主张："永远不要怀疑不可见之物。"[4]

即使在它从我们的生态系统中消失后，在弗吉尼亚鹿的优雅中我们依然可以窥见狼的身影。这就像是一阵来自遥远过去的回声。狼作为捕食者来施加压力，它们是自然筛选的执行者。也就是这样，更加灵活、更有生命力、更机警、更狡猾、更有力量的弗吉尼亚鹿诞生了。这种极度敏锐的生命力，这种于它所在生态系统中形成的史无前例的几近完美，更准确地说，就是我们称为优雅之处。我们在偶遇弗吉尼亚鹿从容的跳跃间，在偶遇它们吃青草或是从森林边缘划向阳光的时候，见证了这种优雅。

也许我们总是在相似的场景下遇见动物。当我们在森林里突然遇到一只野生动物时，例如一只母鹿抬眼看了看我们，我们感觉得到了一份独特的馈赠。这份馈赠并非有意送出，我们也无法把它据为己有。这就是我们在现象学上说的纯粹赠与：没人有意给予，人们在给予时什么也没有失去，这份礼物不属于您，它可以被赠送给其他人。

我们的内心似乎升起一种似是而非的感激。它仅仅是瞬间的愿望，希望在那一瞬间和映入我们眼帘的不期而遇者一样美丽。这和不求回报的赠与所包含的情感一样，是无法解释的。

当我们双脚浸在急流里，听到狼群发出歌声般的嗥叫时，赠与这件事就发生了。一首我已经忘记了作者是谁的诗里有这么一句："实际上，在蓝天和绿地间，一切都是被赠与的，但又不能被占有。"

我从日记本上抬起头，牧羊犬的叫声再次变得剧烈，它们应该是感觉到了什么。所有人聚在一起，仿佛变身成一个巨型动物，保持警觉。漫长的几分钟过去了，也可能是一个小时，抑或是漫长的一秒钟，我们也不再感到无聊。我们消失了，我们的自我按照以我们为圆心的同心圆，缓慢涌出，涌向我们感知到的一切。先是羊群，然后是森林的边缘，之后来到山脊，最后天空也被包裹进我们的自我意识中。我们不再仅仅是蜘蛛网上尚有气息的活物，也不再是那一束局限的目光。（人类内在的一部分确实知道如何飞翔。）

牧羊犬们再次安静了下来，羊群和狂野之间的张力松弛下来，我的思绪也重新回到相遇的瞬间。在乘汽车追踪的过程中，我已经看到几头躲在隐蔽处的狼。而在这片危险的土地上，四下一片漆黑，我徒步与狼相遇。这更像是人与人之间的平等相遇。这不同于与其他动物的相遇。为什么会产生这种镜像的感觉呢？这个谜题一次次重现。

动物行为学的奠基人康拉德·洛伦兹（Konrad Lorenz）认为，生物运动性的出现和智力的产生密切相关[5]。因为能够移动，才会发展出关于去哪里、怎么去、为什么要去的思维。这是目的和手段，是间接方法，也是所有自由行动理论的基础。况且狼是一种极具机动性的动物，它总是在运动，这是它在动物行为学意义上的特别之处。出于本能，为了丈量领地、寻找猎物，它每天移动三十多公里。它对一切都充满好奇。它丈量自己的领地，也是为了确认它在这片土地上相对于其他共栖生物和敌对狼群的统治地位。一首吉尔吉斯歌谣以通俗的语言描述狼的行为和它的生存方式：

在哪里歇脚

狼每天都在思考

在它歇脚的地方

狼总是如过节一般……

> 一刻不停地奔跑
> 狼穿过平原，越过高山
> 风起时
> 它嗅到气味，随即逃跑

这种行走四方的气质，伴随着真实但又神秘的标准，使得狼具有一种十分特殊的智者气质。

在美洲原住民的手语中，用来表示"自己"的手势同时意味着"自由"或"孤独"[6]。

狍子或鹿只需要低下头就能找到食物，或是在附近搜寻它们想吃的草。狼却得以多种不同的方式频繁迁移。例如偶尔去农舍小偷小摸，依靠嗅觉和听觉为搜寻活动导航。它们鬼鬼祟祟地接近目标，发起攻击，最后离开。为了摄取同样数量的生物质，狼不得不在行动中发挥自己的智慧优势。如果我们接受这个脆弱的假设，即将机智与机动性联系起来，并且狼的特点是超高的活动性，既是数量上的，也是质量上的；那么，你可以自行推理。

对生命而言，情感基调是分层次的。就像一条光谱的两端，不是活在恐惧中，就是活在饥饿里。恐惧还是饥饿成了动物的两种不同存在方式的分界线。这两种存在方式很可能对应动物在营养链和食物链中占据的位置。根据林德曼定律，在营养金字塔中，只有十分之一的生物质能可以传递到上一层。也就是说，通过食草，十分之一的植物类的生物质能可以传递给植食动物。而从植食动物到肉食动物，通过捕食，生物质能流动的效率依旧是十分之一。首先这解释了我们的生命图景是一幅成比例的拼图：自养植物远多于食草动物，而食草动物又远多于食肉动物。和食草动物不同的是，食肉动物需要捕猎那些想继续活着的动物，而它们也常常捕猎失败。我们估计狼每十次捕猎会成功一次。那么挨饿，就成了食物链顶端的捕食者的命运。这些捕食者一旦成年，就爬上食物链顶端，从此没有任何天敌。

而这片土地上充当被捕食者的蹄类动物的命运往往与此相反，它们总是担惊受怕。

我们在被捕食者进食过程中缓慢而游离的步履中，从弗吉尼亚鹿耳朵的极度灵活的耳朵上，看到了饱食和无处不在的恐惧。这种矫健和反应式的运动机能，这种不间断的警觉，就是它生命的本来面貌。

狼和鹰的生活摇摆于饕餮与饥饿之间，我们在其中看到饥饿时依旧自持的王者风范。如果能拥有它们的生活，你会自愿忍饥挨饿，但你不会恐惧，因为没有人能威胁你。在这种至高无上的洒脱上建立起另一种优雅，一种捕食者运动时的优雅。进化的笔触勾勒出如此精妙的轮廓。

最终，为什么是"人与人的对视"呢？

应该把不可能的消失的倾向纳入考量。

根据简单而明确的逻辑常识推断，我所碰见的这头狼应该是进了一个灌木丛。按理来说它就在那里，但它不在。牧羊人菲利普向我们讲述一个猎人在俊男山口（Bel-Homme）遇到狼的情形。狼在平原上奔跑，然后它消失在平原中间的唯一一棵刺柏后面，就在猎人垂下眼接了一个电话的空当。为了逮到狼，猎人用狼一样的步伐缓慢靠近后围着刺柏转了一周，因为狼不可能在其他地方出现。然而那里没有狼的踪迹。黄石公园的狼类专家道格·史密斯（Doug Smith）在他的传记中讲述了他和飞行员一起从飞机上俯瞰狼的经历，而狼又是怎么在一眨眼间，违背常识地凭空消失的。狼消失的奇闻逸事屡见不鲜。

我在夜晚的一个树丛中见证了一次狼的蹊跷消失。狼能在我们预判它们现身的地点消失。这是生态学和动物行为学意义上互动的一个方面，是一个有趣的思维难题：狼怎么做到？这样的情况在动物中比较少见。狼的这种魔术师式的误导艺术值得分析。魔术师们误导的艺术，就在于当所有的动作都发生右手时向您展示左手。结合本能的思维方式，根据物体的轨迹、速度、体积，我们的眼睛立刻推断出物体的位置。假设魔术师右手执球将球扔向左手，那么小球就在左手里。这样自发的推断如此即时，以至于我们相信这就是现实本身，是显而易见的未经加工的事实。但这是一个由大脑通过对信息的认知处理，构建出来的预期。这是误导的秘密。引导观众的思想对不可见之物进行推理，仿佛这推理就是事实本身，但又与实际发生的有误差。让观众以为其所见即所想，这是通过了解观众的认知偏差来误导它们的自发推断。您并没有看到球到了我的左手：这是您无意识的推断，但您的眼睛却认为已经看到了。

基于这个模型，狼是怎样消失的呢？为了误导我们用于即时推断相关的感官，狼利用了人类哪片视野和大脑盲区呢？是哪几种视觉错觉和哪几种认知偏差相的结合呢？狼真正具备的意图性和思想方法究竟达到了什么程度呢？我不知道。诚然，不应该魔化狼所拥有的能力，赋予它太多的智慧，但关键在于别处：当狼在我们眼皮底下消失时，在现场的情况中，在你亲身体验时，这才是迷团——那个情感强度最为鲜明的瞬间。

有一晚，我和伴侣在坎朱尔高原进行狼巡逻（这是我们给这种夜间巡逻取的名字，我们进行了很多次，通常是在我们知道狼经常经过的地方开车，因为我们曾追踪过它们的足迹：山口、道路、森林小径，这些都是狼的高速公路，它们有自己的习惯路径，走自己的世界）。这天晚上，有很多军事行动，有篝火，还有坦克通过。我已经准备好放弃，正在这时，离我十米的地方，在布洛维斯影子村落附近的一条路边孤零零地长着一棵橡树的草地上,我看到一条大狗的侧影,鼻子贴着地面,正在反复嗅着田鼠的洞口。我猛地刹车,那条大狗抬起头,疑惑地看着我们,然后漫不经心地小跑着离开。这是一头狼。但是我不确定。出于和夜晚追逐羊群一样的荒唐冲动,我开始追踪这头狼。它在我前方十米的草地上。在我们前面只有一个有三四棵树的小树丛,杨树飒飒作响。我听到了它在这个小树丛里制造的动静,在晚它几秒钟后到达这片小树丛。我用手电筒照亮小树丛深处,狼不见踪迹。我搜索面前和四下里光秃秃的草原,向着它逃走的方向,画出一个半径约五十米的半圆,却还是什么都没有。这绝不可能。我愣在那里,转了转,整整一两分钟。

对经历过这一幕的人而言,魔术效果显而易见:一条裂口在现实中,在平凡、重复、机械的真实中打开,吞掉了狼。狼就是这样,在精神世界里不翼而飞。

这种出于本能认知的效果显而易见:只有超自然的生物才能如此将自然法则玩弄于股掌之间。在那里,狼应该拥有一个深景世界,一些隐藏起来的空间,一条条通道,一个个不可见的捷径。这是狼对世界所施的神奇魔法。

在基督教徒看来,狼的这种认知魔法与魔鬼相连,而从泛灵论角度出发,则与精神相关。这种魔法可能是一个经过改编的故事的复杂产物，属于捕猎者，捕猎者的这种隐秘能力，也就是它隐藏和消失的艺术，成为它在捕猎和逃离人类追捕时取得成功必不可少的条件。

然而我相信，最终我还是明白了那天夜里的事。在树丛周围失去狼的踪迹后，我转身向车走去。我带着震惊上了车，向同伴讲述了这个谜团，她和我肯定确实看到了狼那张嘴边长着白毛的面孔。我发动车子，开了一公里后，所有事情变得清晰。我这样给自己讲这件事：狼在我眼前小跑到灌木丛里制造声音，但接下来，它没有走向开阔的大草原，而是折返回来。它绕过灌木丛，向后方移动几步来到我身后，而不是和我预想的、推理的那样，像显而易见的逻辑要求的那样，跑向我们前方的草原。它很可能就趴在离我追踪它途经之处不远的地方。我在我面前的范围里寻找它，而它正卧在我身后。这就是为什么我没有听到它继续奔跑，而在此之前，我能听到它在深深的草丛里疾步快走的声音。也是这个原因，我没有在大草原上找到它的身影，而根据人类的逻辑，它本应该经由灌林外的这片草原逃走。当我转身走向汽车时，它应该就在离我很近的那片草丛中趴着不动。那片草丛靠近我们刚才经过的路上的那棵有田鼠洞的树，正是它最开始待着的地方。这在我看来是唯一靠得住的解释，所有其他有神怪意味的解释和我的世界观不相符。狼把我吸引到灌林丛处又绕到我身后，之后悄无声息地藏在我永远不会搜寻的地方。

当然，没人能知道狼的想法、计划、企图。显然，狼的魔术并不是一种超自然意义上的魔术，而是生活经验意义上的魔术，是极简单的、超验的，是"令我吃惊的"。诡计和精神的超验：要完完全全误导一个人类，确实需要一种认知魔法。因为魔法往往是一种技术，一种隐藏的技术。

这也是它们和人类产生交集的路径：智慧。智慧被看作人类所独有的。如果说智慧是人类独有的，那么根据一种荒唐的形而上的推论，能够误导我的智慧的生命应该是比我更具有人性的。

因此，这是人与人的对视。

夜晚行将结束，此时我想到了其他角色：白日里的主人，他们将回到羊群中。该如何理解拥有者人类和野生捕食者之间的冲突呢？看着狼的小偷小摸，我预感到，不能依据罗马法的模型，即"你只能拥有你合法取得之物"，来理解狼对羊的捕食行为。用养羊人的话来说，狼偷走了羊，这是盗窃。在我们的想象中，狼通常被想成一个逃窜的罪犯，一个诡计多端的抢劫犯，一个混蛋流氓。诚然，根据我们奉行的罗马法对财产的规定，狼当然是小偷。但这是不同文化间的误解。

为了解码狼奇特的习性，在人与狼之间，我们需要调解。从字面上说，是狼人外交官。因为看到狼在这里像在自己的地盘里捕猎，全力捕食防御失败的动物，狼变得具有绝对控制权。狼依据它自己的行为准则生活。它明显没有犯错，也并非没有权利如此。

它的逻辑和其他拥有和取得的实践相似。基督教僧侣已经说过，按照基督教法律，乘坐战船而来的斯堪的纳维亚人是掠夺者。但是写在《国王之镜》字里行间的维京海盗法中，我们找到一些针对出海商人的实践规定。对他们来说，有另一种法案，另一种标准，我们可以把它表述为以下条令："你能保护之物才是你能真正拥有的。"其他的东西实际上属于有力量和计谋来获取它的人。在维京的风俗中，获取没有受到良好保护之物是正当权利，因为你没能保护的东西并不属于你。

因此，在这些维京风俗中，掠夺不是一种侵犯权利的罪行，而是权利平静的表达。这就是狼奇怪的权利，不需要授予，而我们也不能忽视这种权利。这是斯宾诺莎学说的自然权利，在这个范围内，权利的边界和能力的边界精确重合：凡我力所能及者，都是我的权利。这种权利的定义在狼群面对外来者时得到实现，因为在狼群中，一些禁令，以及象征性的优先权决定了集体捕猎到的食物的享用顺序。

在美洲原住民的手语中，拍拍胸脯，掌心朝上，表达的是：自己。而完全相同的手势，也意味着"野性"。

晨曦到来时，乌鸦没有聚集起来指引出任何尸体，而我们在羊的身上也找不出任何咬痕。

第二章　一头站立的熊

灰熊湖（Grizzly Lake）位于黄石国家公园的西北方。1988年的火灾烧毁了这片区域。从诺里斯间歇泉（Norris）和猛犸温泉（Mammoth Hot Spring）之间的道路出发，一片树干被熏黑的海滩松覆盖至湖边的整个平原，看起来像一片幻想中的石海。

在这里行走注定会遇见动物。因为对美洲大陆动物的足迹尚不熟悉，我困惑地观察这那些印记。在一片林间空地上，一滩深色的水洼位于道路中央。我依稀在水底辨认出一个熊的足迹。爪印清晰可见，但是被风吹皱的水面使它不太真实。一个巨大的足迹印在湿润的泥土上。这是我第一次遇到这类生物的踪迹，这引起了我们所有人的兴趣。我们围成一个圈，在爪印上方蹲了好几分钟，在外人看起来像一种冥想的奇怪姿态。爪印指着湖的方向，也是我们的目的地。我们从山丘侧面向着高原顶峰攀登。经过几个小时的跋涉，穿过三条河流，我们来到一片茂密的针叶林。黄松遍布斜坡，将形成一个厚厚的覆盖带，一条黑色腐殖土的小路在其中蜿蜒。尽管已是暮春时节，但前面几米处的一大片积雪仍未融化。我们依旧没有辨认出什么，但是一些迹象，一些奇怪的声响使我们猛然进入一种注意力极度集中、高度警觉的状态，恢复了一种原本被遗忘的强烈准备状态——"我们依旧在这个消失的世界森林中保持警觉"[1]。

就在这时，动物的踪迹显现出来，就在我们眼前几米远的雪地上：这是一头熊在小路上经过时留下的痕迹。作为一只跖行动物，它的前肢异常硕大，这是它散步留下的痕迹，也是另一种有点粗野的哺乳动物留下的宣示主权的痕迹。准确的辨识是有困难的。有一种古老方法来区分灰熊和黑熊的足迹。用一根小树枝，从大脚趾出发，沿熊掌上端画一条直线，如果小脚趾超过了这条线，那就是灰熊；如果小脚趾在这条线下方，那么可以判断黑熊。此外，此处有很长的爪子在前爪前方留下清晰标记，这是一头成年灰熊。我们正走在它的痕迹上。

我们在西部的酒吧里听过另一种辨识方法：当您在树上避难时，黑熊会爬上树，把您吃掉；而灰熊则会把树连根拔起，把您吃掉。

踏着灰熊的足迹

足迹的间距表明熊在缓慢行走,因为后脚总是落在前脚的脚印上。熊跑得越快,后脚超过前脚就越多。这里的脚印间距比较大,说明这头熊特别魁梧,可能是一头单独行动的公熊,而恰好在一年中的这个时期,很多母熊会带着幼崽哺乳。

道路让我们别无选择,还是应该前进并追踪熊。我们排成一队,跟着大熊,向着俯瞰湖面的山脊上攀爬。我没能确定这些足迹的时间。灰熊攻击人类的主要原因不是捕食,而是受惊后的反应。这片密林遍布着蜿蜒的小路。除了在相遇的前一瞬间,我们的视线都被茂密的树丛遮挡,而我们顶着风前进,在转弯的地方可能会惊到别人,所以应该说说话。在黄石公园的商店里,有向游客出售的一步一响的小铃铛。这对于从事追踪的人来说是矛盾的,因为他们追求安静。我看着我的脚,它们不自觉地应用着美洲原住民"狐狸步"悄悄走路的技巧,而我却在小径上高声唱着歌曲。

就这样,我们沿着熊缓慢前进数百米留下的痕迹追踪着它,从这些呈 C 字形的痕迹中,看到它歇脚的地点,看到它可能跨过的树干,看到我们都闻到气味的灌木丛,所有这些都让熊成为向导,而我们则站在它的位置,用它的步伐行走，用它的眼睛观察。在追踪一个个体的一段时间内，追踪者逐渐进入被追踪者的精神世界，这不是我第一次有这样的内心体验。这种精确的同理心可能源自我们很古老的追踪能力。这种能力在进化过程中得到锻炼，可能从两百万年前以打猎和采集为生的时代开始，从匠人（Homo ergaster）到智人（Homo sapiens）。

我们接着向湖边进发，大朵的积雨云在我们头顶聚集。我们离湖边越来越近，我发现了灰熊的踪迹。痕迹越来越模糊，而土地也越来越难解读。雷声使我们加快脚步，也放松警惕。20世纪初的自然主义灰熊专家约翰·霍尔兹沃斯（John Holzworth）认为，灰熊能意识到它们留下了印记。他举了一些例子：熊类折返或者绕过它们自己留下的印记，是为了沿着自己的所经之路进行埋伏。野外博物学家克雷格黑德（Craighead）兄弟认为，黄石公园的灰熊仰面朝天，在进入冬眠洞穴前自愿等待好几日，直到暴风雪的预兆出现——这样，大自然会将它们的足迹掩盖。

突然，我们来到一片草地，草地边上是花旗松树翠绿的幔帐。湖就位于这片草地后面，平静如镜的湖面倒映出天空中堆积的云朵。这是暴风雨来临前宗教般的宁静。一只鹤开始高低起伏地歌唱。我们继续前进。在对面树林的边缘出现了一头洁白无瑕的郊狼，它站在一个树桩上盯着我，之后又带着优雅消失不见了，仿佛它是这片土地灵魂的化身。接着一串水珠噼噼啪啪接连落下，落在湖面上，也落在我的帽檐上。我用望远镜探索着那只狼消失的林缘，之后我转过身来。

  灰熊就在我们身后，就在我们到达草地途经的那条路上。这是一头棕色、接近铁锈色的灰熊。它脸上的眉毛和肩膀上隆起的肌肉都显示出其与众不同。我低声地说了一声："灰熊。"这时我们都愣住了。熊似乎没有注意到我们，可能是还没看到。突然，它行动起来。我看到它有力的双臂抱着一根巨大的树桩。它摇晃树桩，皮毛下肌肉凸起。它毫不费力地撕碎了树桩，令人感到惊慌。我们蹲了下来。它离我们不到一百米远。我们在这里似乎没有退路。灰熊漫不经心地扮演着那股宇宙力量，在暴雨和急流间，迸发着像人一样大的木块。接着，它转头盯着我们。我们用一种低沉而冷静的声音和它讲话。它的听觉使它能够在这个距离上分辨出人类的声音，读懂这声音中所传达的情绪。声音应当低沉，这是为了不被灰熊当作幼年哺乳动物，后者更容易被当作猎物。低沉，但没有攻击性，这样才不会被误认为是潜在的对手。

  在生活中，人类有时还不如树桩能引起兴趣。

  灰熊重新投入到它的事业中。只有它的耳朵会在我们说话时稍微转向我们，说明它意识到了我们的存在。我们小心翼翼地撤回来时的道路，和灰熊保持最远的距离。暴风雨在我们身后落下，当我们从山坡上下来时，身体出现了一种奇妙的化学反应，使我们振奋，快乐但又有点沮丧。像是一种纯粹恐惧带来的刺激。

✼
给恐惧以意义

熊类，特别是灰熊，是大型哺乳动物中的特例。它属于那种能够自然而然又正正当当引起深层恐惧的动物。当灰熊饥饿或者护崽的时候，它就可能攻击人类，所以雌性灰熊在春天里最危险。或者在秋季，灰熊因陷于储能过冬的需求而十分贪吃的阶段，也可能会攻击人类。实际上，如果灰熊在夏秋季节没有储存足够的能量，那它就没法度过一个不吃不喝的冬天。脂肪是冬眠的关键。如果在临近冬天时灰熊的脂肪不足，那它的进食行为就会变得疯狂而食欲过剩，表现为时刻都在进食，一天可高达二十个小时。如果我们乐意注意凶猛的意义和节奏，会发现生物的凶猛也是有规律、有意义的。

在我从黄石公园回来的几个星期后，就在我曾经独自踱步过的小径上，一位拥有丰富徒步经验的急诊医生遭到一只老年灰熊的袭击，并命丧熊口。杰迪戴厄·史密斯（Jedediah Smith）和休·格拉斯（Hugh Glass）的记述中充斥着关于暴力相遇的轶事，这些相遇对人类来说通常是致命的。

不过恐惧是一种原始的情绪材料，需要在心理上将它仔细消化，才能使世界具有意义。在一些文化里，人类的象征主义思想利用这些力量的不对等，把和熊的相遇，当作一种检验雄性勇气的机制。这个思维模式在西方文化中无处不在，它是将此类相遇的动物行为学意义上的情绪编码或构建成一种仪式的方式。例如，在斯堪的纳维亚文化中，在和熊决斗时，身披皮革的战士要把作为决斗对象的熊激怒到直立，以便滑进它两臂之间，在躲过它的獠牙和利爪后，在其怀抱中刺中熊的心脏。这个仪式有时会配备一个奇怪的装备：决斗者上半身的小金属板上垂直地镶嵌着一把匕首。匕首尖向前，为了在和熊互相拥抱的时候，戳中熊的心脏。在一些传奇故事里，决斗双方抱成一团滚入峡谷，最后又在同一条河边几步之遥的地方各自包扎伤口。

把与熊相遇看作雄性勇气的证明的动机，极有可能在无意识间指引了我的脚步。在与熊第一次相遇接下来的一周里，我突然发现自己总是一个人在之前看到过熊的地方安静徒步，仿佛在主动寻找这古老的挑战。

*

胸前的匕首

一天早晨，天刚蒙蒙亮，我沿着路径直走到迷失湖

（Lost Lake）上方的高原。我依稀看到一头熊在树间攀爬。我估计着它的速度和路径，努力和它保持最佳距离。它突然出现在我面前，比想象中的要近，但是它没有看到我。我张开双臂接近它，向它低声背诵《熊的尘烟》[2]。当它听到我的声音后，开始用背在树干上蹭来蹭去。它缓缓直立起来，两个后脚掌着地，在离我大约三十米远的地方观察我。我们像照镜子一样盯着对方互相看了好几秒钟。它像是一个小孩子，大概四五岁的样子。我已经觉察到自己有多愚蠢：在我的脑海中，用这次相遇作为勇气的证明是不成立的。熊小跑着远去。

熊那乖巧的外形，如少年一般的好奇，可能是平息这次面对面冲突的部分原因。在我的脑海中，另一种想象代替了冲突想象：那是童话故事里友好的熊，外表笨拙，活力满满。它大块头的样子不再带来恐惧，反倒是带来引人发笑的笨拙。熊朋友的形象是熊敌人的对立面。一种想象代替了另一种想象，而我们却不见动物本身。这样的替代是怎样发生的呢？

太阳升起，我从荆棘丛生之处绕行迷失湖，差点在异常茂密的灌木丛中迷路。在这杂乱的灌木丛中，我可能会碰到任何人，但实际上，这种潜在的可能是有限的。当我顺着一条沿湖曲径瞥见森林的出口时，远处一头巨大的成年黑熊出现在我视野中。它顺着那条小路向我走来，而这条小路刚好是我离开森林的必经之路。我带着失去方寸的灵长类动物所能表现出的最大威严向前走去。我们举起双爪，开启了一场复杂的外交仪式，我对此并不太了解，却表现得十分老练，好像我的生命系于此。这场外交仪式最终达成了互不进攻的共识。熊大喘着气换了一条路，现在这条路是我的了。最终，我来到了湖前的草地上。

这不是关于勇敢的考验。这是关于另一种东西，是另一种遭遇——但究竟是哪一种呢？

对于和熊的相遇，西方文明给出了两个选择，一种是直面敌人，另一种是像对朋友一样打招呼。这两种对我们与其他生命的关系的解释都有各自的概念偏差。一方面，暴君神话规定我们为了赋予自然文明，需要征服自然；另一方面，一个没有敌意的自然，是阿卡迪亚动物行为学的梦想。但野生动物不是我们的朋友，就像现在的幻想中，家养动物被视为纯动物性的典范；野生动物也不是我们为了达到文明化目的需要驯服的野兽。应该寻找另一条道路，另一个典范，来思考我们和野生动物的关系，思考它们和我们的相异性。

我把车停在从迷失湖通往石化树空地（Petrified Tree）山谷的一条小径上。现在是上午八点，我还不知道路上还有另外三头熊。一头是大灰熊，更远处还有两头黑熊。这条有直面前两头熊风险的道路，是我回程的必经之路。要想离开迷失湖的山谷，就要使用一些手段。我和那头灰熊对话但不盯着它看来吸引其注意力；我和那头沉默的雌性大熊协商，用刀刃敲击木棍，感谢它优雅地让路；我略略威慑在道路尽头无所事事的小熊。我最终回到了福特汽车里，身体脱水，浑身湿透，高度紧张。

只有独属于男性的盲目才会把这些相遇解释为对勇气的考验，才会看空动物的内在，只把动物看作一面镜子。男子气概的目光在其中搜寻，他们借助这面镜子衡量自己。

不，野生动物不是光荣的竞争对手，也不是乖巧的毛绒玩具。和所有生命一样，它们极有力量又游手好闲，期待着一个好天气。

斯堪的纳维亚摔跤手用匕首进行勇敢考验的寓言，以一种多么奇特的方式来想象动物的遭遇：在小路上漫步、随时准备应付任何情况、保持警惕、随意埋头前行，但匕首却举在胸前。匕首指向任何迎面而来的东西。

考验勇气应该有其他方式。例如，暴力攻击只是恐惧的面具。去和其他生命相遇，不再怀抱这种暴力攻击的面具，而是自我消解这张面具，给外交的智慧留下一席之地。

当恐惧让每个人都沉迷于自我，锁定在自己的观点上时，这些探险家的外交勇气让他们张开手掌，走向陌生人，腰间的武器闲置着，却时刻保持警惕，能够通过非凡的移情去中心化来化解危机。正是这种"去中心化"使我们能感知他人的道德观，并运用智慧的微妙力量，在随时都有可能演变为冲突的对抗中实现和平的转变。

这可能是另一种向其他生物展示自我的方式，尽管很古老。

部分先民和野生动物所保持的关系可以作为一份指南。他们和野生动物朝夕相处，对野生动物的美丽、奇特，以及多样性投以欣赏[3]。按照泛灵论和萨满教的说法，和我们共同栖居在地球上的这些生物需要一种特殊的尊重：既不把它们当作敌人，也不把它们视为朋友。它们在交往中杜绝亲昵，本能地需要一种克制，以及类似的非正式仪式，就像我们在面对一个骄傲又独特的民族时那样。这个民族和我们共享地球，彼此之间神秘的相似性，造就了我们对自身存在的观念。

*

野外的礼节

面对灰熊，掌握荒野礼节才能拥有巧妙的勇气。这种礼节内容丰富，包括了解陌生的习性、动物行为学礼貌规则以及和睦相处的方法。例如，在钓鱼、远足、骑马、带着食物野餐时，住在熊出没地区外出丢垃圾的路上，偶遇成年熊、小熊仔以及动物骨架等情况下应该怎么做。这些知识要牢记于心，以便根据每次遇到的实际情况灵活运用，就像一个优秀的外交官一样。

践行礼节要求我们组织好自己的肢体语言，表现得既不像一个进攻者，也不像一个受害者。这是一种微妙的平衡，它提倡不与熊对视，而是用余光看熊，还有绝对不要逃跑，因为逃跑会在动物行为学层面激发熊类的追逐行为。专家们的建议可能有些滑稽："如果一头熊用尽全力攻击您，那么不要逃跑。这样的攻击可能只是虚张声势。"这里包含着一份卓越的"外交式"勇气。面对血盆大口的恫吓，面不改色可能是最恰当的做法。

胡椒喷雾终于成为用来与熊博弈的一个极好的小物件。我们把它别在腰带上以便瞬间拔出。它看起来像一个防蚊喷雾，却被用来对付重达500斤的好斗的庞然大物。但智慧是一种极有效的动物行为：熊的体重差不多是我们的五倍，但它的嗅觉却比我们的发达上千倍，也就是说它比我们敏感上千倍。熊类的嗅觉有多敏感，从辣椒和胡椒中提取出来的辣椒素对它们黏膜的刺激就有多强烈。一般来说，拇指一按，喷出的气雾就能打断一头熊的进攻。

阻止战争发生，维护共处条件，这是外交官的职责。如果所有谈判都不奏效，自然也只能采取物理防御作为最后的手段。就像须知上所写的，拿起一切能做武器的东西，"采取一切必要手段"[4]（这也是美国海军的口号，并不是巧合）。[5]

仍就这个问题而言，超乎寻常的智慧才是最好的护盾。一些专家建议，如果被熊打倒你就装死；另一些专家则提倡要极力反抗。面对这两个截然相反的建议该怎么做呢？这两种建议虽然矛盾，但或许都有道理。我们应该解读每个建议所基于的动物行为学背景。如果一头灰熊的进攻行为意味着要为占领领地而打斗或者是为了宣誓领地所有权，那么它实际上很有可能放过一只保持不动、在生物行为学层面对它释放臣服信号的哺乳动物。但是对一头食欲过剩的灰熊而言，进攻往往意味着捕食，猎物装死不会使它停下，反而方便了它。难就难在要在戒备状态下保持极度细心，以便分辨两种情况。而即便是外交官，能做到这一点的也少之又少……

为了避免遭到不测，一些熊类专家建议要礼貌地和熊说话，就像是对一个意外闯入的陌生人表示欢迎一样。这个陌生人一脸天真地发觉自己身处您的沙龙，并就他的闯入向您做出解释。克里德·弗莱依（Clyde Fauley）于1976年在冰川国家公园（Glacier National Park）巡逻时意外地遭遇到一头雌性灰熊和两只幼熊。起初，它们距离他五十来米，突然，三头熊向他冲了过来，到距离他只有十来米的地方才停下。它们的耳朵贴着后颈仰起头,下垂的嘴唇抖动着发出咆哮声,后爪着地直立起来。弗莱依决定不逃跑了,尽管距离他十步的地方就有一棵大树。他停在原地,用低沉镇定的声音对三只熊说道:"好啦,熊们,没事儿的,没什么大不了的,我是公园的工作人员,是你们的朋友。"他一边沿着小路缓缓地向巡逻亭退去,一边开始给熊一条条背诵公园的熊类管理条例。他在关于这件事的正式报告上这样写道:"在外人眼里,我和三只熊交谈看起来可能有点滑稽。但至少对我来说,那场对话挽救了那一天。"[6] 这不是通过战争式交锋达到的人对动物的永久胜利,而是在动物行为学层面摆脱了恐惧的支配而进行的商谈。

原因就在于一条动物行为学规律:人作为一种动物,恐惧会引起好战的姿态。只有在人类感觉力不从心而屈服于恐惧时,才会形成并表现出这样的姿态。而弗莱依表现出的对抗意味较弱的勇气,并不否认恐惧,因为恐惧是不可消解的。但是,这种勇气拒绝任由恐惧来支配我们的行为:它放任恐惧向自己怒吼,而不是本人去大喊大叫。不把恐惧当作形势的真相,不要让它侵蚀我们专注的微笑和无我的、得体的、警觉的智慧,借助这种智慧,我们在面对所有冲突时都可以找到可能的和平解决方式。这反而往往是能让我们毫发无损地脱困的有效方式,也是和任意"他者"共存更有效的方法。面对与自己相异的个体,不因其危险就将其视作绝对的敌人,需要超乎寻常的勇气。衡量他者的看法、透过在场的所有眼睛进行观察、从关系本身的角度来看问题，这本身就是一种极大的勇气。这种勇气不独属于男性，因为它不分性别，我们甚至可以在一位生态女性主义女哲学家身上找到它。直面他者，而不将他者视为猛兽，这是一种视角主义的勇气。

✻
恐惧的教诲

尽管我们可以决定尝试用外交手段，恐惧却不会因此消失，其中一定包含着教诲。如果要让世界变得有意义，就必须把这些遭遇中的强烈情感转化掉。假设不将熊视为反映勇气的一面镜子，或是为了使地球文明化而需要打败的野兽，而是视为和我们在同一生物社群里的邻居，和它们交往需要讲礼貌和讲方法，那么我们从恐惧中能得到什么教诲呢？

我假设这个教诲和"熊是食人的"有关。如果熊吃人这件事对人类男性不构成挑战，那么它就属于另一个维度。恐惧给我们的教诲不是"去证明你们的勇气吧"，而是："不要忘了你们也是猎物。"也就是说，你们不可避免地处在食物链上，置身于创造并养育了你们的生态系统中。

"食人的",这个说法中包含某些远古的令人动容之事。大卫·奎曼认为我们和食人动物维持的这种互相吸引又排斥的关系,构成了我们生存条件的一个方面。这个方面被我们遗忘了,或是被捕食者的操控掩盖:事实上我们也是肉体,这是理性动物包含动物性的一面。[7]

然而重申我们的脆弱性意味着什么?该如何理解它所有的含义呢?关于"我们是肉体"这一问题,1985年的一条鳄鱼让我们在哲学方面进展颇多。在澳大利亚卡卡杜国家公园(Kakadu)的一条河边,这条鳄鱼恰好攻击了远足中的哲学家薇尔·普鲁姆德。薇尔划着独木舟顺流而下,独自远离人烟。就在那时,一条鳄鱼多次袭击她的独木舟,她试图跳到岸边的一棵树上逃生。鳄鱼在她跳起时咬住了她胯下,拽着她在水面下翻滚。鳄鱼用这种方式来使猎物窒息,摧毁猎物逃走的意志,消耗猎物逃走的体力。在翻滚过后,她依然保持清醒。鳄鱼松开了嘴,她攀着树枝想爬上去。在她离开水面的一瞬间,鳄鱼又一次咬住了她。她遭受了三次鳄鱼翻滚。她依旧保持清醒,从动物的角度思考,觉得应该改换策略,不再向高处逃生,因为她的动作似乎在刺激鳄鱼发动攻击。恐惧似乎没有磨灭她的智慧,她借助这种超常的勇气,做出了一个需要巨大精神力量支撑的决定:停止和鳄鱼战斗,躺在水中一动不动,顺流而下。是这种勇气使得她在混乱中保持思考,也使她在恐惧和痛苦常常使人禁锢的条件下能够换位思考。策略生效了,之后她成功到达了一片泥泞的河岸,艰难地从那里爬上去。她受伤严重,但丛林知识和生存技能指引着她,经过数小时的摸索最终被一个公园的护林员救起。

这个不幸的遭遇给了我们一份宝贵的证据:这位哲学家亲身经历了大型捕食者生动真切的提醒——她和其他动物一样,都是生物质能。她是一位真正的生物学家,也就是一位面对困惑的职业选手,一位反转视角的专家。她拥有能走出迷宫的伊卡洛斯之眼,能够从形而上学层面思考自己差点被吃掉这件事。很快,她展示出自己的移情能力,这种能力不会让恐惧表现为盲目的复仇。在我看来,薇尔·普鲁姆德就是外交勇气的化身。在被袭击的几个小时后,虚弱受伤的她被护林员们送到达尔文医院。她无意中听到了护林员之间的谈话,护林员们想去杀掉这个怪兽,至于杀掉的是哪一条鳄鱼不重要:只要是鳄鱼就行。而薇尔·普鲁姆德的反应则是:"我坚决反对这个主意,我才是那个闯入者,复仇没有任何意义。河流的这一段遍布鳄鱼。"[8]

她并不认为这些护林员不应该在此时使一只危险动物失去行动能力(这既合理且必要)。她所不赞同的是受恐惧支配行事,打乱世界的秩序,对违反禁忌的行为施以报复。这件事使她清楚见证了西方自然观念中的一个基本禁忌:"在我看来,西方独有的人类至上文化的一个明显特征，就是极力否认我们人类也是处在食物链上的动物。否认我们也是其他动物的食物这件事，也体现在我们关于死亡和葬礼的实践上。埋葬着遗体的坚固棺木，约定俗成地深处地下，远离地表动物的活动。坟墓上的石板是为了防止有人将尸体挖出来，避免西方人的尸体成为其他动物的食物。"[9]

这次危急经历使她对西方所谓的人类独特性的基础神话产生动摇。这种人类独特性是将人类从生命群中剥离的结果，这样一来，"外部"，也就是自然随之被定义。

然而，在现实中，这种剥离是不可能的：我们是处在食物链上的生命，和其他生命一样，我们也需要吸收太阳的能量。[10] 一旦我们脱离能量传递就会被饿死。由于我们无法直接依靠太阳能获取能量，我们需要等待太阳能被植物吸收转化成生物质能，食草动物再通过进食获取植物的能量，然后我们才能从中获取维生所需的能量。

*
修补神话

那么一个似乎是幻觉的神话原型是如何变得可信的呢？当我们永远被固定在食物链上，我们如何相信自己已经从中脱离，摆脱了自然的束缚呢？对此，我感兴趣的假设是，为了将自己与营养网络分离这一看似不可能的做法，变成一个自圆其说的神话，在某一段历史时期，西方人不得不发明一种宇宙观和禁忌，它假定了人类与食物网之间的周期关系，具体表现为营养网络和二极管一样具有单向导通性。这可以解释为我们能以其他生物体内固定的太阳能为生，但反之则不行。单向导通性是二极管的特性，它是一个导电装置，电流在其中只能单向通过。这种特性也存在于我们身上，从新陈代谢和生态学意义上来说，能量只能由世界流向我们，而不能从我们流向世界。

就这样，这个禁忌在于禁止或尽量减少我们会成为其他生物的生物质能的所有状况。在西方文明的某一方面，消灭超级捕食者的冲动往往被归因于保护牲畜的需要以及犹太—基督教传统中将食肉动物与魔鬼相提并论的观点，但在这里，该冲动却有了另一重含义：消灭超级捕食者是维持这个禁忌的一种手段。这样捕食者就不能以我们的遗体为食，也不能在我们活着时吃掉我们。这个禁忌使人类从食物链中自我剥离的神话变得可信：为了使真实经验和虚构重合，以及使虚构成为现实而不被事实推翻。那些把人类地位重新下降到"肉"的事件是彻底的背离，它需要纠正，以恢复世界的秩序。

然而，在其他的本体论中，被吃掉这件事不会引出同样的偏执。根据人类学家罗伯特·哈玛永的描述，在西伯利亚萨满教的世界观中，世界的秩序被描述为肉体的循环。当年长的人感到死亡将至时，就会去森林里等待死亡。将死之人就是这样，借助他所捕猎过的不计其数的用来当作食物的猎物，来释放自己躯体的能量。他的遗体被食肉动物分食，因此遗体能够进入能量互惠循环，直至抵达给他提供过能量的森林[11]。其他文化也认为，被吃掉这件事是事物的规律之一，并不违反宇宙规律。我们可以在西藏地区的天葬仪式中看到这一点。仪式上，遗体被秃鹫和野狗所食，这是去世的人在葬礼上对生养它的土地的回馈。对于被吃掉的恐惧并不普遍：这个迹象使我们看到这个禁忌和神话母题的联系。

与此相反，西方人在能量世界中被塑造成了二极管：只有在他们身上，或者说是在生物界，能量在肉体和太阳之间的流动才是单向的。

薇尔·普鲁姆德写道："人类身份的这种概念将人类置于食物链之外和之上，不被视为在互惠链上受邀赴宴的客人，而是被视为这条食物链外部的操纵者和主人：我们可以以动物为食，而动物却不能以我们为食。"

我们可以作为食用者，不可以作为食物，我们是不可食的食用者。营养金字塔并不是偶然出现，它的几何图形是为了表示林德曼定律。在食物链两层间的生物质能传递效率只有百分之十，这就意味着上一层的个体数量比其下一层的要少很多，这个三角形正好将该事实符号化了。但是在神话层面,营养金字塔变成了先验的图式:它展示了如何与身影群体的其他部分实现这种单一的关系。实际上,在营养金字塔中,除了塔尖,每个层级与其上一层级和下一层级的关系是对称的,对其下一营养层来说,它是捕食者;对其上一营养层来说,它是食物。塔尖的关系是单向的。占据金字塔塔尖是对没有占据塔尖者的超越,将塔尖单独分类,是让我们自己相信我们是生物群体里的例外的唯一方法。尽管事实上我们也是生物界的一员。

营养塔顶端的序位就是通过毁灭大型捕食者确立下来的。此外还有多种阻止人类躯体进入生物质能循环的手段:将遗体深埋地下六英尺处,墓石,装入耐腐的棺材中等;又如传播被吃掉的恐惧的那些童话。我们对人类的定义由此可以排除"肉"这一事实,从而保证了我们形而上地凌驾于生物群体之上。

*
站在我们的位置

薇尔·普鲁姆德在她的可怕经历中解密了这个神话的起源。这次解密是一次关于恐惧的教诲。学会和其他大型食肉动物共处,例如熊或者狼,就有了一个全新维度:"大型捕食者考验着我们接受自己生态身份的能力。

当它们被允许无拘无束地生存时,就表明我们有能力和地球上的'他者'共存。它们也能在互惠和生态意义上代表生物社群的成员来面对我们……"[12]

这种和平共存的能力既不是一厢情愿的想法,也不是一种天生的和谐:它不意味着我们放任自己被吃掉却不自卫。这种能力需要我们调动全部智慧来构建共同生存的环境,采取巧妙的行为将人类所面临的风险降到最低,而同时不需要普遍灭绝其他生命,以达到所谓的地球和平的目的。大型捕食者在大部分时间里都是领地动物,领地意识是在进化过程中使生物和平相处的机制,它比人类的法律和规约更加古老。动物们无节制的残暴是一个现代神话:它们可以残暴,也可以寻求减少冲突和进攻。特别是当我们具备了和动物"外交"的特殊智慧后,我们可以创造共同生存所需要的条件,并给动物腾出生存空间。

黄石公园的森林在一个不寻常的日子里出现在我们眼前。昨天早晨时分,我用目光在棕熊湖附近长久地追寻着一头壮硕的熊。我无需看到它。

单单一头看不见的熊就会改变整条山脉,使其焕发另一种光彩。它给灌木丛添加了景深,从今往后,灌木丛有了隐藏的背面。熊在其中挖掘出另一个深度,让它们重获作为栖息地的维度。这阻止了大自然成为自拍的背景。熊使得世界上其他活动主体浮现出来，因为我们不再是唯一的主体，不再是看待世界的唯一视角：就算是，风险也很小，但一触即发的恐惧迫使我们承认还有另一个主体，会把我们客体化。这只因为它可以像对待物品一样对待我们，也就是说使我们服从它的意愿，违背我们自己的意愿。它重新确立了我们在生物中的生态地位，将我们纳入了构建生物群体的太阳能大循环。熊唤醒了我们面对它的"外交"义务。自然重新成为多视角的，而它也一直如此，除非我们消灭了大型捕食者而将自己视为看待自然的唯一眼光。这个自然是了无生气的、简化为没有精神的材料，退化为手边的资源。这面镜子被遮挡，我们无法从其中看到自己。

一头站立的熊，就能让它身后的整个生命世界崛起。

第三章 豹的耐心

*
第一天

今天早晨,我们在草原上骑着吉尔吉斯马,调查位于吉尔吉斯斯坦中部的松科尔湖(lac Song Kul)自然保护区里的动植物。我们一边分享着策马奔驰的快乐,一边骑马登上每一座山脊,看看被甩在身后的苍穹升起,每次都是新的,但每次又都一样。有那么一瞬间,我们找回了属于散居动物的一个古老习性,即每一代都去更远的地方定居。这类动物,例如狼、乌鸦、人类,能够适应很多地方的气候。这个习性使这类动物总探索新的领地,总想要去其他地方。旅行,是人类和其他生命共有的一个无记忆动作,而很多人却将它视为人类所独有的。旅行是为了去别处看看,也就是目力所及的范围之外有什么。这是一项不可能完成的任务,因为视野是随位置变化而改变的。

如果我们结合自身的历史来思考这件事，那么原因就在于我们和狼与乌鸦一样，属于散居动物，从沙漠到极圈，遍布整个地球；并不是因为人类的特殊性，即拥有意识或是渴求独一无二的别处，使我们成为好奇的探索者，被抽象的探索渴望裹挟。我们对旅行的喜爱，对"别处"无法遏制的渴望的根源，就在于我们是散居动物。

在草原上骑了一整天的马后，我们的目光一直像鸟一样直达地平线，蒙古包提供了一个封闭的圆，我们的注意力可以像猛禽一样归巢。松科尔湖护林人奥斯蒙·白科（Osmon Baïké）夜间收留了我们，他的蒙古包像吉尔吉斯训隼人用来遮盖鹰头的皮制头套一样，用来减缓因过度发达的视觉导致的对世界过分敏感的注意力。

今天夜里，一场暴风雪混杂着梳理时落下来的羊毛，打在保护着我们的毡子上。羊在蒙古包外叫着。草原上没有一棵树，人们用来生火的唯一燃料就是压缩、干燥、切块的羊粪。穿戴动物的皮毛，用它们的排泄物取暖，用它们的血肉补充精力，骑在它们平稳而强壮的身上在平原上飞驰，这确实已经是另一种和它们产生联系的方式了。

*

第二天

第二天，进入位于吉尔吉斯斯坦南部的纳仑自然保护区（Naryn）时，我们给每一匹马配上驮鞍。马儿将带我们去探险。在多达十一天内，我们在一整片自然保护区里自由驰骋。这里是所有动物的避难所，它们遍布山脊、高山草原以及云杉树林，只有护林人和科学家才能进入这里。

去看看隐藏的空间，在常规经验外有什么。探险的目标是，借助实用科学的手段，追踪自然保护区内未知的野生动物群体。实用科学建立在尊重自然的基础上。我们将使用生态科学的技术来记录可能的变化：观察，找到出现的痕迹，计算和取样。在一年的不同时段，沿着这些轨迹精确的路径远足，连接起GPS上各点。大型猎食动物和猛禽是焦点：金雕筑巢空地的定位，喜马拉雅山的秃鹫的计算，熊类和狼的追踪，特别是不停地寻找"山中幽灵"——雪豹。组织这次探险活动的国际组织国际雪豹观察（ISO Panthera）就是以雪豹命名的。应该去寻找雪豹的痕迹，寻找它从结冰的山谷到覆盖着积雪的山脊上留下的非实体的痕迹。七个生物探险爱好者在四位自然保护区护林员的帮助下，在一片荒芜无路的地方探索。这里的物种还没有全部为人所知，我们中的两位鸟类学家就找到了三种尚未有记录的鸟。

我们溯纳仑河（la rivière Naryn）而上，它在我们身后很远的地方注入锡尔河（Syr-Daria）。它发源于距我们前方很远的地方，位于西边的天山山脉（les Tian Shan），在土耳其语中被称作"Tengri Tagh",意为天空之神的山。

探险将在河流沿岸动物开辟出的道路上蜿蜒展开,远离一切人类的定居点。我们将经由伊丽莎白熊和欧洲马鹿出没的云杉林,攀登至被雪覆盖海拔4 000米以上的高原,那是豹子和羱羊的优良居所。至于狼,当然哪里都是它们的家。

晚上,在进入原始森林前的最后一个牧人家里,我们吃着味道浓郁的羊肉炖菜和米饭,喝着烫嘴的印度奶茶,笨拙地试图和陪伴我们的护林员交流,他们只能说吉尔吉斯语和俄语。巴斯蒂安是我们的向导兼翻译,他是极好的,但是他用来组织语言的结巴、模糊以及沉默的时间越来越长。护林员被包裹在军用派克大衣里温柔地笑着,好像生活就应该是一场围炉谈笑,像现在这样。

乔尔多什·白科被亲切地叫作乔基(Djoki),他是这片自然保护区的副主任。他陪着我们,充当着熊类专家和探险领队的角色。夜色降临时,我们在军用帐篷里互相讲了满是吉尔吉斯斯坦酒鬼的故事和法国笑话后,他沉默片刻,然后请我们的向导翻译了一个"哲学"问题:"大自然是……为我们而存在的吗?还是说我们和大自然是伙伴?"他想要从吉尔吉斯语中找到一个合适的词,最终却在俄语里找到"伙伴"这个词。他搅动着自己的茶接着说:"我认为我们和大自然是伙伴。我们却穿着靴子，把自然像蚂蚁窝一样踩得粉碎。"

※

第三天

早晨，我们再次给马匹装载行李，准备深入自然保护区。充沛的雨水让草四处疯长，遍地花朵成了蜜蜂们的矿藏。

我们与一条泾流结伴而行，河水湍急，几乎在蓝天下呈现出泥灰色的流动。在小路上，马儿面前，有一个奇怪的碎片：第一个谜题，一块巨大的黑色排泄物。我们用了十几秒才确定，这是一块熊的粪便，但是不太典型。粪便上沾着星星点点的荆棘和云杉。乔尔多什有着优雅的外表，一笑就会漏出金牙。他儿时梦想成为驯兽师，现在有着专门研究熊的生物学文凭。乔尔多什告诉我们，伊莎贝拉熊夏天不吃云杉。

更仔细的检查后，奇怪之处更多了：甲壳质插满粪便，昆虫的甲壳通常是由这种物质构成的。熊是杂食动物，也正因如此，它和我们人类、红狐狸、橡树上的松鸦一样，是不停歇的食物品鉴员。这次它发现了什么呢？

为了解密，我们骑着马开始了一次长长的追踪。熊喜欢这条路：几百米的路上都堆积着熊的粪便，每一堆粪便中都有这种奇怪的甲壳质。随着理解的欲望变得强烈，我们的目光变得犀利，开始到处寻找迹象。"世界是由符号构成的，这些符号十分细微而又精巧。那些能揭示事实的符号一直存在，我们只需要学习解读它们的艺术[1]。"我们向马颈方向弯下身子，收紧缰绳，坐在马鞍上追踪记号。一只动物骑在另一只动物身上追踪所有动物。我的马乔尔戈（Djorgo）不理解状况：我向它发送了相互矛盾的信号，为了寻找痕迹，我将身体的重量前倾，这告诉它要"加快"，但是收短的缰绳却告诉它"减速"。马儿用眼角的余光看了看我倾在它颈部正观察地面的脸，似乎它的注意力被拉紧了，仿佛知道我在寻找着什么。它的好奇心被点燃，和我一起寻找。耳朵向前，鼻孔张大，似乎有些困惑。我似乎看到它在自问："人类在找什么呢？"

当我们从上方追踪时，像鸟一样的眼睛开始察觉地面上的路径和轨迹，线索就像一张摊开的地图上的符号，逐渐显现出来。

几步外的沙地上，一个新的奇怪的碎片使我激动起来。它是一块深色的、结构清晰的印记。这是属于熊的痕迹。掌心球形的肉垫表明这是熊的前爪留下的痕迹。乔基认为它属于一只三四岁的小型喜马拉雅棕熊。他的前进方向和我们相同，我们跟随其后。突然风景中的一个元素变得引人注目，我们已经沿着一众蚂蚁巢穴走了好几公里。然而那些巢穴形状怪异，像是一个没有尖顶的金字塔。集体的假设浮出水面：这就是熊愉快的旅途的方向，它围着蚂蚁的巢穴打转。熊将蚂蚁巢穴从顶部截断，目的是用这些膜翅目的蚂蚁来饱餐一顿，与此同时，熊也混着吃掉了一部分蚂蚁为了建造它们可爱的容身之处而大量使用的云杉的针叶。这些以木头为食的蚂蚁经常留下回巢的小径，或者叫"高速公路"。这些小径在蚁巢外的部分清晰可见，而这对追踪者熊来说是一种恩赐。

我在本子上写道："追踪依循的动物逻辑对熊而言和对我们来说是一样的。"就这一点来说，我们应该对熊有一点了解。例如，我们有时候在倾斜的小山谷中寻找熊的踪迹，因为在春天的时候，熊通过舔舐雪崩留下的痕迹来检查这些痕迹是不是羱羊留下的。冬季的寒冷将这些痕迹保存下来，而阳光将这些痕迹融化掉。

熊类用来蹭背的树干是能够辨认的：它们会吸引人的目光，通常正好处在一条路上，诱人，粘着大量的毛。熊剥树皮留下的齿痕是水平的，而鹿留下的却是垂直的。

一旦关于蚂蚁巢穴的假设成立，目光场域就被完全重构了。我们遇到了超过十五个被"开膛破肚"的蚂蚁巢穴。我们走在这头熊熟悉的道路上。粪便是新的，干沙子上的痕迹是最近留下的，还没有被下雨而漫出河床的河水冲刷掉。它就在附近某个地方。风向我们吹过来，把我们的气味吹到马的身后。些许忧郁和快乐在可能的相遇里潜滋暗长。我们骑在变得警觉的马儿身上，默默地窥伺，全神贯注地观察着，我们目光化成的小鸟探索着每一座山谷，每一座山坡。我们从一个山脊到另一个山脊，每一次都被希望打磨得更加敏锐。痕迹不断叠加，在一小片高原上，风第一次改变了方向，把我们的气味吹向我们上方的一个有森林覆盖的斜坡上。我们暴露了。我观察着，如此多种混合气味的到来可能会导致熊出现。一位护林人用刀尖指了指喊道："ayou!"这是熊在吉尔吉斯语中的名称。在下午接近傍晚的光线下，一道皮毛的金色光亮从森林里迸发出来，熊小步疾跑着，像是在绿草地上飞行一样。它跑了很久，远离气味源头，像一头小山羊一样活力满满。这是一头年轻的熊，可能有三四岁。所有一切都在默默证明这一观点。我们情绪高涨地重新踏上探险旅程，笑着，唱着歌。熊拥有的力量是多么的神奇啊！

波斯诗人奥马·海亚姆（Omar Khayam）沿着丝绸之路西行时曾写过一些四行诗，纳仑就是他旅途的一站。其中的一句浮现出来："生命逝去，如一次神秘的结队而行，却没有一分钟的快乐。"[2]

※
第四天

次日早上醒来时，帐篷上结了一层霜，碧空如洗。六点钟的时候，我在膳魔师保温杯中装入奶茶，紧接着出发了，我们徒步寻找猛禽的筑巢地。鹰在清晨进食，但是要等到十点钟，才能借助热气流飞到高处。这个时间鹰在它繁衍的地点附近飞行。红隼在它的巢穴附近发出一声兴奋的、特殊的尖叫，就是这样，它的秘密暴露了。

中午时分，我和乔基一起外出。我们快步行走，目的是找到他在陷阱边布置的一个陷阱照相机拍到的照片。这个陷阱货真价实，是一个大金属管，里面放着肉，作为诱饵来诱捕熊。之后出于研究的目的给熊带上一个GPS项圈。这个诱捕陷阱还没有起效，在科学任务开始的几个月前，我们就不断在其中填满味道浓郁的肉，目的是让熊习惯来此进食，不再害怕。

我们把存储卡装进一个照相机里，十多个画面相继出现。这些照片包括两头熊的抓拍，一头母熊和一头壮硕的公熊，之后是一只石貂和一只鼬科动物。乔基一边看一边发出快乐的感叹。母熊被拍到了好几次：这一系列图像重构了它的行动意图：它在围着陷阱转圈，从后方抄过去，探究这个装置，困惑不解，并检查了一下滑槽。

我们疾步赶上走在峭壁小路上的大部队。就在离我们几厘米远处，一些沟壑从峰顶降至纳仑河的波涛中，通过这条蜿蜒的小路，一片大草原迎接了我们的到来。草原上长满了比人还大的伞形科植物，它们白色的花朵组成了一块接连不断的地毯，地毯的大小和形状与一个真人骑士十分接近。只有马的头部从这块巨型地毯里伸了出来，当它向湖边跑去时，花的碎片和香味在马队的马蹄下蔓延开来。

我们放慢速度。在山脊周围，我们看到了熊、狼以及体型巨大的马鹿。之后我们身体前倾，用帽子护着脸，目光追踪着最细微的记号、痕迹以及印记，探索着未解之谜。

当我们追逐大部队的时候，天阴了下来，之后传来阵阵雷声，就这样我们伴着暴雨加冰雹在森林中骑着马。森林里的腐殖土被白色的亮晶晶的鹅卵石覆盖，这些鹅卵石被马蹄弄成了黑色。我在潮湿的笔记本上写道："骑士套头披风将马从前额到尾巴都保护了起来，马散发出的热量升腾起来，包裹着披风下的我。这是一种好的交流方式。"队伍停了下来，我们面前刚刚出现的路被涨水的河流截断了。在我们开始行动之前，我们用锹和镐平整了马将要经过的路，锯掉树干，用斧子清理障碍物。开辟道路违反了森林一贯努力自我封闭的习惯。我们建造道路，来对抗世界上数不尽的沟壑。

＊

第五天

几天过去了。我们来到乌梅特（Umeut）站点小屋，这是一个用原木建造的山区木屋，屋顶上蒙着草皮。它将作为这次极具挑战性的探险的营地：爬上海拔3900米的乌梅特峰，在长达几公里的样条上发现所有可能的痕迹，特别是豹子留下的痕迹。众所周知，这是它们的栖居地。

为了到山脊下睡觉，我们让马驮着帐篷。那里壁立千仞，足以挑战我们的想象力。爬升开始了，穿行在水柏枝属植物和石块之间，我们差不多爬升了1000多米的海拔高度。我们时不时地停下来观察斜坡，吉尔吉斯护林人的裸眼认出了我们用望远镜都几乎难以看到的羱羊。

吉尔吉斯人观察的细致之处，体现为他们对一些物种不使用总称，而是用不同的词语来指代母羱羊和公羱羊。除去发情期，母羱羊过群体生活。公羱羊的角比起母的角更大、更弯。羱羊（Bouquetin）的学名叫作Ibex，拉丁文名字是 *Capra siberica*，在这里母羱羊被叫作 etchky，公羱羊被叫作 tekey。Etchkytekey 是羱羊的总称，但这个词很少用。这种细致的观察能力体现在语言上，我们也拥有这种能力，但是我们已经遗忘，羱羊 bouquetin 一词实际上是公羱羊 bouc 和母羱羊 étagne 的缩合。记忆存在于语言里，应该将它回溯到身体和视觉上。

夜晚来临，天色逐渐暗了下来，在离我们一百多米的地方，有一小块长满草的平地，迎接我们宿营。

我的马是一匹对侧步马，对侧步在吉尔吉斯语里是djorgo。它从出生起就拥有这种优雅而令人舒适的步伐。我用吉尔吉斯文化里神秘马匹的名字卡拉·乔尔戈（Kara Djorgo）给这匹黑色的小马取名，意思是黑色的侧对步马。这个名字等同于我们文化中的亚历山大大帝的爱马——布西发拉斯（Bucéphale）。我的坐骑没有那么骄傲的步伐，它的臀部几乎被饿瘦，它的腰很细，但是它拥有谜一般的勇气。据吉尔吉斯人说，对侧步马是一种复杂的马，它们中的大部分都在山峰和山谷间四处闲逛、探索、冒险。我们一到达宿营地就应该把它们圈起来，以防止它们把其他相对乖巧的马带去闲逛。此外，到目前为止我们的马依旧平静，它们开始感觉到了来自山地的活力在它们身上膨胀，被山地执着的生命力激励。正如它寇（Takou）给我的解释，紫外线在高海拔处更强，草也就更茂盛：这几日马开始长膘，它们变得更加有活力，想要在草原出现在骑士面前时更加本能地奔跑起来。早晨的马儿更难以驾驭。阳光和高原上的草地交流，在这个相互影响构成了生态系统微妙生活的循环里，改变了马儿们的行为。

在这里，马匹不仅是运动的工具，它们除了是我们的朋友，还有其他角色。昨天，我想要追上那批前去修复被洪水冲垮的路面的护林员，他们骑走了我的马。我发现自己被困在了昨天越过的两条河之间。当时我骑在乔尔戈背上，甚至没有意识到，自己享受了它稳健的步伐给骑士提供的移动的王位和智慧的平台。这一次，没有它我无法过河。无能为力的感觉变成了感激，这些马使我们突破了作为只适应平坦稳固的土地的两脚兽的身体的局限。它们让我们成为另一种动物，一种得到增强的动物，可以像风一样奔跑跳跃。马拥有并赋予我们羱羊在岩石上稳健的步伐，狼的气息，豹子的耐寒特性，以及熊的狡猾。

尽管吉尔吉斯马是家畜，但它是一种皮实的动物，它放养在山间，并被山中的环境筛选：据说这里家养马的死亡率和野马的死亡率相同。吉尔吉斯马的生命力来源于此。也就是说，吉尔吉斯马身上的每一个线条，都是由自然选择精细而残酷无情的笔触勾勒出来的，它们也就有了"冬天的狼""牧场里自由的灵魂"这样美丽的名字。

我们在夜色中继续向乌梅特峰攀登。乔尔戈累了，它喘着粗气。斜坡太陡峭，它的臀部和格兰迪马的一样少脂肪，它的勇气和脂肪一样寥寥无几。

我在我的笔记本上写道："吉尔吉斯马，科学的苦役犯。"与此同时，暴风雨到来。同一时间，乔尔戈决定了不再向前。我穿上披风的工夫，队伍出现在我上方的山脊。我从被龙卷风压垮的马身上下来，开始像对待一个任性的上帝那样哄着它，求它把我驮到山顶。差不多应该把马拉到那块所有人在冒着冷雨忙于扎营的高地上。不可否认的是，我们在支帐篷时表现极佳。之后暴雨停了，天空放晴，我们差不多位于世界的中心，接着周围所有人屏住呼吸，内心出现了一片奇怪的天空，一些人把它称作灵魂。

在这里，树每天纠缠着我们的感官，就像风纠缠着树的轮廓那样。刺骨的狂风吹透我们的身体，就好像我们是游魂一样。风也吹着我们，我们麻木地继续前进，之后因为超然物外而变得有活力。冰雹嵌在我们的头发里，继续前进的勇气在于：所有这些极恶劣的天气让我们逃跑，它们在某个瞬间使我们感到害怕，但是我们在被改变，被晾干，被穿透，浑身湿透之后，克服了困难，最终明白没有什么需要害怕的东西。

之后酷热的太阳把我们晒干了。我们极目远眺才勉强把四周辽阔的风景收入眼底，我们的内心变得和风景一样宽广。之后冷雨又下了起来，裂开的土地和灌木丛之间出现不平衡。马儿的对侧步走在令人眩晕的峭壁上，穿过石子堆、急流、矮树林，它有很大一片土地用来调整步子，实践它作为一个生命体所拥有的智慧。

体力消耗也很大：在没有道路的土地上前进，髋骨在石头间摇晃，走在不适合人类的路口，然后在冰冷的水中洗漱，皮肤被刺柏的针扎伤。但我们一直是快乐的，因为超越了自我；我们总是平静的，因为每天对冰雹和头晕目眩无来由的恐惧，都能减少一点。

我们精神紧绷着离开了这次沉浸式体验。我们的内心像一张鼓风的帆，从地面向天空伸展。

第二天早晨，我们找到了此次探险第一个豹子的足迹。足迹完完整整地印在我们在太阳和暴雨下走过的山脊的黏土上。之后，我们终于步行下山，离开了这个孤零零的空旷山脊。山脊被风吹得光洁平滑，是一个无法接近的王国，而我们也不会再一次到访。

（除了风和记忆，在乌梅特峰上还有什么呢？）

*
第七天

翌日早晨，我们分成了两组：那些前一天探险较为轻松的人被邀请与两位护林员（其中包括乔基）一起骑马探险，目标是位于远处山中的一个高海拔山洞，据传那里居住着熊。我和我的双胞胎姐姐自愿参加。我让乔尔戈在河边的草原上休息，把我的装备绑在了另一匹漂亮、亲切的棕色马匹上。

这是一段典型的吉尔吉斯护林员的日常。黎明时分我们起床，准备好马匹，开始漫长的攀登，沿着一条与纳伦河垂直的盲谷行进。我们首先穿越了开满花朵的草原，远处则是闪闪发光的高山和昨晚提到的山洞。几个小时后，我们骑着马慢慢爬上山坡，乔基追踪到了一头沿着溪流下山的熊，他从熊的粪便中取样，记录下所有线索的GPS坐标。然后我们继续向山顶前进，马匹在悬崖上艰难前行，最后我们终于看到了山洞的黑暗入口。马匹因山路陡峭而踌躇，后退滑动。在一处几乎无法通行的碎石坡中，乔基转身微笑着说："该吃饭了。"此时已是下午三点。我们在原地卸下马匹，马因陡坡而无法移动，在阳光下小憩。我们靠着岩石吃着面包、奶酪、香肠和巧克力，环绕着我们的是比整个城市还大的山峰。

我们凝视着长焦镜头，继续在山脊上寻找野山羊和雪豹的踪影。微风轻轻吹拂时，我们徒步走向山洞，连马匹也无法继续前行。当然，这里没有小路，也没有人类的痕迹。我们必须攀爬。寒风习惯性地使刚才还算友好的山壁变得不那么好接近。山洞的入口就在眼前，我们互相拉扯着爬了上去。山洞清凉、浅显、寂静。当我们的眼睛渐渐适应黑暗时，一个充满线索的世界出现在我们面前。地面上散落着野山羊的粪便。在这里，岩壁有些光滑，这几乎不易察觉，但我们的手指确认了这一点：这是不是雪豹在此蹭脸和身体，留下了一些为同类或其他过往旅客神秘的气味标记？

乔基深吸一口气,闻了闻墙壁的味道。他转过身,眉头紧锁。就在这时,我们发现了一只大型食肉动物的粪便。我们围着它蹲下,像是某种奇怪的仪式,在这与世隔绝的山洞深处默默观察。最后乔基说:"Irbirs。"雪豹。于是,我们在山洞深处安置了一个照相机陷阱,对准入口,那里面对着天空,除了天空,什么都没有。记录了GPS坐标后,我们重新出发,穿越了荒芜的沙漠和高山。

下午四点。马匹恢复了勇气。它们带我们穿过那些人类无法行走的陡峭碎石坡,来到了 Tchongtalde 和 Kichitalde 之间的山口。这里一片荒凉,尽是石块和积雪。山口狭窄,马匹必须侧身通过。我们在那儿感受着纯净的风,走在一片像是由天空本身打磨出的锐利刀锋上。

我用望远镜仔细观察周围的山脊时,突然被一种强烈的感觉电击般打动:我似乎看到了什么东西,它的身姿和气质很像一只雪豹。那东西消失在一块巨大的岩石后面。神秘。那是什么?是我想看到雪豹的渴望所投射的影子吗?

人类总说这里什么都没有。这里的山脊荒凉,全是岩石和积雪,是一片孤独的荒野。但有些迹象吸引了我们的目光,那是一种特定的观察艺术,它让我们意识到,这片对我们来说的荒野实际上是其他生命的栖息地。随着视野的敏锐,我们看到了整个主权明确的栖息地:在山脊上，几乎看不见的小径展现了雪豹的踪迹，岩石下的毛发标志了它们的领地。雪豹静静地潜伏在猎物——亚洲野山羊——的上方，悄悄移动。几米以下，我们发现了野山羊的足迹，它们的粪便在岩石堆中若隐若现。我们数了数两侧山谷中的野山羊：在我们到达的第一个山谷，它们分散开（4只、2只、2只、1只、1只）；而在第二个山谷，站在山口用望远镜观察时，野山羊紧密成群（47只、27只、32只）。显然，狼群就在第一个山谷：因为狼的存在，野山羊选择分散成小群来减少风险。看不见的世界是巨大的，而正是在猎物的反应中，我们能理解捕食者的存在，看清它们的行为动机。

在山口下，我们清楚地看到了狼的标记：它们的粪便像徽章和旗帜一样宣告领地。野山羊生活在无法接近的悬崖上，那里是雪豹的领地，而在下面的山谷，狼群占据了那些岩石堆积处。野山羊就这样在雪豹与狼群之间的微妙平衡中生存，它们通过攀登绝壁来保护自己，因为它们是攀岩的高手。整个景观如此有序，处处充满着痕迹：栖息地交织在一起，一切都是有生命的，荒野根本不存在，这里只有那些微妙却被遗忘的共享家园。

确实，动物的习惯很少像我们的道路和房屋那样剧烈地改变景观。它们只留下微小但至关重要的痕迹和踪迹。我们对这一点的盲目忽视，源于我们将生活空间视为专属于我们的领域，认为这些空间仅仅由我们通过物质构建改变了世界。因此，我们得出结论，其他生物很少或根本不居住：我们认为，鸟类不会改变天空，海豚也不会在无路的海洋中改变什么。然而，这是一种技术性灵长类的偏见：其他动物也以一种不太显眼的方式"居住"。它们的栖息方式通过追踪显现出来，揭示出它们熟悉的小径，这些小径精致地将它们的生活领域连接起来，贯通水源、筑巢或产卵地点、栖息地、观景点、游戏区和展示区等场所。习惯是动物居住空间的方式，是它们熟悉并占有空间，使之成为家园的手段（这一点在人类动物中依然可见）。这是动物规划领地的艺术。习惯的身体是非人类动物的无形栖息地：它们对领地的非物质化改造。而可见的小径只是这些习惯的痕迹。一旦我们学会识别它们，就可以假设其生活世界中的关键点，并在那里安置相机陷阱。

我们就在这片表面看似无人居住的区域安置了两个相机陷阱，阿尔达克（Ardak）是最年轻的护林员，他四肢着地，沿着一条几乎看不见的掠食者小径在山脊上攀爬，姿态优雅如雪豹，以确保这条小径穿过我们照相机的捕捉范围。我想到这些在我们缺席时由照相机机械捕捉到的照片，像是那些艺术史上所谓的"无人工制造的作品"，即"非人类之手制造"（当然，通常这个词是用来描述神奇创造的作品，如都灵裹尸布）。

在天际的山脊上安置相机陷阱的艺术，实际上是找到一个隐蔽的地点，位于某种生命体最熟悉的路径上。如果选择得当，荒野几乎必然会向你呈现它的居民的图像：想象一下，就像在你家门口与信箱之间隐藏一台照相机。

在山口，海拔 4 000 米，每种感官的体验都是纯粹的、令人眩晕的轻盈。我们像杂技演员一样排成一行，走在雪豹熟悉的小径上，这些刀刃般的山脊是大型掠食者的家园，俯瞰着猎物与整个宇宙的帝王视角——就在我脚下，一块生锈的金属物体闪闪发光。这是一颗偷猎者的子弹壳。

高山上的狂喜、生理与灵性交融的体验令人感到生命的加速，一种更加强烈的生活节奏，红细胞增多，稀薄的氧气，炽热的感官，过度的高度，所有的挑战都让生命回归到最朴实的状态，在狂风中，所有多余的想法被吹散，奇怪的是，这种体验还带来了纯粹的感受。

看起来是时候下山了。

牵着马，我们向山口的另一侧跳下，朝着下一个山谷进发。我们在碎石堆中欢笑着狂奔，拉着马匹在碎石间前进，直到马匹也融入了游戏，我感受到它的鼻息在我脖颈上的欢快呼吸，马蹄在我身后跳跃着。

但我们的视线始终望向山脊，望向山顶。如何解释这种吸引力？像是有一种独立的生命在引导着我们的眼睛，它们在寻找雪豹、喜马拉雅兀鹫、狼或野山羊。它们渴望看到这些栖息在他们家园的生物，这些巍峨的岩石群，宛如神明的居所，神圣而不可接近。

在碎石堆下，一片雪坡挡住了我们的路：这是一块横跨溪流的宽阔雪原。乔基的脸颊微微绷紧，气氛也随之紧张起来。阿尔达克先行探路，他带着马，缓慢而小心，每一只马蹄踩在雪地上都像一针一线缝制一般小心。直到马突然陷入雪中，陷至胸部。就在雪层下，溪流发出隆隆声，五十米开外是一个无尽的瀑布。我不由自主地转向我的姐姐，我们灿烂的笑容在灼热的脸颊上绽放。这种难以解释的兴奋，这种在危险中的喜悦，我们必须继续穿越。昨天，我们在雷声中爆发出笑声，那是第三场冰雹风暴来临的征兆，我们欢快地在暴雨中玩笑，躲在潮湿的岩石后面，在高处迷失，距离闪电如此之近，仿佛可以触摸到它。（在笔记本里，我写道："有一条秘密的法则，继承自斯巴达人和苏族拉科塔人：面对风险和困难时，要微笑，然后吹口哨。"）

最后，我们在一个没有真正危险的地方穿过了雪原，马匹开始抖动身上的积雪。它们在雪水池中喝着融化的雪水。此时是傍晚五点，乔基没有回头，他从鞍座后方的行囊中取出一个精美的白色金属杯。我们从马身上滑下来，跪在雪下涌出的水源旁边。杯子盛满了刚从天上流下的冰水,我们一个接一个默默地喝着,眼对着眼,眯着眼睛,眼神中充满了光辉,轻轻地点着头。

(达尔文在他的 M 笔记本里写过一句话,此时浮现在我脑海中:"冷水突然带给人一种类似于纯粹精神上的情感状态。"[3])

然后我们继续出发。我在笔记本中写道,随着马的步伐摇摆着:"傍晚六点。黄昏时分顺着翡翠般的山谷下行的纯粹喜悦,太阳几乎落下,将每一片山脊圆润勾勒,将每一朵花轻描淡写,升起的风吹净了所有的思绪,马匹逐渐加快的脚步通过我的身体传递到灵魂深处。"这种疲惫终于融合了两具身体与两个视角——马和骑手,最终完成了无意中的"半人马化"追求,正如我记不得的那位作家所说,这可能是骑术的神话基础。

我们到达了最后一个山口,准备下山返回小屋。此时是晚上七点三十四分。我们在暮色中躺下。此时大鹿马拉尔将会从山谷中返回我们这里。乔基熟知它们的习性,我们藏了起来,等待它们经过。山口被石南覆盖,太阳落在马背上,它们的尾巴因为愉悦与疲劳而颤抖。

在这里,人们不再依赖自己的内在节奏行事。即使下雨了,我们也不会停止探寻这条路径,仿佛什么也没有发生。我们只有在有时间时才吃饭,就在两次调查之间:生活的节奏由其他生命体的习性决定。

突然，一只马拉尔鹿穿过山脊，一只大雄鹿，角像一片森林！它闻到了我们的气味，转瞬消失。快骑上马！我们开始在山谷中全速追踪它，马匹被我们的兴奋感激发，在苔藓丛中奔驰，我们的目光紧紧盯着地上的足迹，绝不松懈，不让它们消失。可它终究消失了。马匹跺着脚，摇动着身体，似乎还在寻找继续奔跑的理由。

在进化过程中，野马将逃跑定为对掠食者的防御策略，而我们曾是它们的掠食者。有人认为，逃跑是它们对任何情况的反应，它们的生存战术，被转化为力量，化需求为艺术，因此它们对奔跑充满喜悦。从这个角度来看，根据骑术大师的说法，骑术在于让马不再害怕你，而是教它与你一同逃跑，带着你奔向选定的方向。我们现在拉起缰绳，朝着纳伦河和营地进发。

此时是晚上八点七分。筋疲力尽。马匹看到了山谷尽头的小屋，开始在陡峭的山道上以一种慌乱无序的步伐小跑。我在笔记本里写道："现在不过是一个肉袋，骑在机械牛上。"

到了晚上，我们围坐在马毯上，这些毯子铺在刚刚从冰雹风暴中恢复的草地上。乔基和马伦贝克（Mairenbek）像淑女一样优雅，用精致的金属茶壶泡茶，茶香在黑暗的天空下、深邃的灌木丛中弥漫。这杯甜茶仿佛在户外的每一处都营造了一个温暖的家。

这就是纳伦护林员日常生活中的一天。吉尔吉斯有句谚语:"如果你存在,就要像 Kokh Zal 一样勇敢。"

"好的。但等到明天早晨吧。"

※
交织的日子

时光在河边流逝。我们的队伍向高原草地进发,沿着纳伦河的一条支流前行,支流名为 Djeungueureumeu("咆哮"),前往岩壁,那是护林员多次观察到雪豹的地方。十天的探险已经过去,跋涉在这片海拔2500米到4000米的原始保护区中。没有人类,没有屏幕,只有马匹、气味、山坡、风暴和烈日,以及在加速的天空下流逝的时光。我在笔记本中写道:"每次都正好在身体想要去的地方,靠在一簇草上,躺在草地里,随便哪里都是自己的家,也是许多其他生物的家,一个无法占有、共享的交织之地。像大地、森林和草地一样肮脏,也就是说,像它们一样纯净。"

今天早晨,我们正在调查一个令人好奇的区域:一片由坍塌的岩石堆积在草地缓坡上,形成了洞穴和通道的复杂网络。我们采集到的动物粪便样本令人眼花缭乱:超过七种动物共用这个地方。是暴风雨的避难所?是聚会地点?是猎场?是和平的避风港?因为在同一洞穴的地面上,猎物和掠食者的踪迹并存:雪豹、熊、狼、狐狸、旱獭、貂鼠、鼠兔、野山羊和兔狲。(当然，粪便样本的识别可能存在误差，这是追踪活动的一部分乐趣。)我们称这个地方为"野性广场"，并设置了我们的相机陷阱——一个完美无缺的记忆装置，记录着这里发生的一切。这地方的谜团值得认真对待。

我们在河边搭起了营地，上方的悬崖上有一群安静的野山羊。我们轮流用望远镜观察它们，而其他人则在准备普洛夫，一种由蔬菜、米饭和肥羊肉炖成的炖菜。

我在笔记本中写道："今天我找到了我的第一个抓痕，还有一根几乎看不见的雪豹毛发！那根毛发如此轻盈，几乎不可见，轻轻地挂在一块岩石的表面上。"用一点努力去从另一个身体的角度看世界，你最终会在混乱的岩石中找到那根脆弱的毛发。可以感觉到某些通道吸引了雪豹的眼睛和身体，她独特的行动风格、她想标记的地方、那完美的岩石。雪豹通过摩擦身体或喷洒含义丰富的尿液来标记岩壁：她希望这些标志——这些旗帜和徽章——能在这个被风雨侵蚀的世界中保持尽可能长的时间。因此，她会选择那些悬崖保护的岩石，因为悬崖能保护她的标记免受雨水和风的侵蚀。我们几乎可以从远处猜测出哪个岩石吸引了她的"领土欲望"。是的，我们几乎可以看到那无形的痕迹，了解其他生物的栖息之地，追踪她的踪迹。

这里，我的雪豹用她宽大的前爪刨开了地面，留下信号。我可以从这个点开始追踪她的路线。在稍高一点的地方,她那无形的、毛茸茸的脚踩在草地上留下了痕迹。她沿着这条路径滑行,我能看见她优雅地通过悬崖的转角,因此她的下一步脚印就会出现在这里;再往上,在岩石混乱的曲折路径上,我再次找到了一道抓痕:她在下行时经过了这里,因为她的前爪在地面上留下了清晰的痕迹。我们跟随着她,追溯她的过去,如同一条记忆的河流,充满了细微的标志。尽管没有真正看见她,但我们一度进入了她周围的世界,或许比面对面的相遇还要深刻。

追踪最令人费解和迷人的地方就在于它的无比平凡。在这里追踪猛兽,意味着在冰川谷寻找一根豹毛。我们在寻找无形的东西,揭示一个我们从未孤单的丰富世界中的无形栖息地。

追踪意味着要关注那些结构化了可见世界的无形力量,并通过调查将它们显现出来,而不是简单地为每个遇到的物种贴上标签。

狼、豹、熊依然是不可见的——无论如何,我们在山脊间追踪它们:比起用肉眼看见它们,我们通过它们的眼睛来看世界,我们从它们的视角接近它们的世界,尽我们作为"同样是活物"的适应能力所能;在这个交织的共享世界、共同王国中,我们行进着。

追踪使我们变得像多重感官动物:观察每一簇草丛,

如同地鼠，转瞬间，又像鹰一样展开视野，拥抱那无尽的山脊线。分辨一根痕迹中是旱獭的毛发还是山羊的毛发，然后数着蔚蓝天空中喜马拉雅秃鹫的翅下斑点。这是一种晶状体的锻炼，也是一种心灵的锻炼：感知和生活在所有尺度上，从草叶到天神，再到归来。

这里的每一天都让我们成为另一种动物，那些永不忘记自己是动物的存在。我们不再像往常那样被一层层技术外壳遮蔽，而是一个拥有强化感官和更感性的精神的动物：对生命的宇宙感恩，每个早晨与阳光握手，通过冰冷的源泉水净化自己。我们感谢的是那充盈口中的丰盈肉体，而非某个抽象的存在创造了它。也不是现代人那种对生命缺乏感恩的态度，好像这肉体是理所当然的，或者是纯粹的产品。因为这羊羔，正是由那只羊、那片草地和那轮太阳所赐予的，就在我们眼前。而这也是一种更为遗忘的动物。

在笔记本里，我写道："野蒜刺痛了嘴巴，一把抓起，去找马的时候摘的。那种酸味的胡椒菜，不下马也能摘到，解渴。马背上的花粉被风吹散，撒播得更远。太阳与肉体的大循环，构成了我们的生存。重新学习归还。"

追踪，从广义上讲，就是读懂所有的线索（而生物的线索足够多，我们不必去寻找命运，或是未来）。

寻找、渴望、感知、观察、理解一切：这种态度往往把每个人投射到自我之外，进入一个扩展的自我，这个自我不再受主观问题的困扰，而是为其他生命腾出了空间。仿佛春天的大扫除，外部的生物世界终于搬入了内心，成为内在生态系统的一部分，建立起联系和归属感。而其他生命则安顿在我们的皮肤下（不要急，每个生命都会有自己的位置）。

这种对大自然的实践，我通过长时间的观察，尤其是用眼角的余光长时间注视护林员和我们的向导时意识到，它首先是一种罕见的自我去中心化：仿佛通过双筒望远镜被抛离自我，被投向视野之外，远离自我和同类。望远镜是一种精神操练的工具：它强化了如鹰隼般锐利的目光，把注意力集中到他者身上，同时让自我几乎不可避免地消失（我敢打赌，没有人在使用望远镜时还能想到自己）。

它是一种帮助"修炼自我消失"的工具。但是这种自我消失并非通过牺牲自我或对自我的负罪感来实现。这更像是对自我的遗忘，就像忘记带雨伞一样，因为被其他东西深深吸引。我们把自我挂在衣架上，因为世界和其他生命在此刻比它更有趣。

我认为这种哲学性的追踪存在于护林员身上，这是一种被对前方生命燃烧的兴趣驱动的态度。一种被其他生命吸引的生命，但同时也是它们中的一员——这种生命感知到我们首先是生物，其次才是人类。它寻求在差异中找到共同点，那些构成我们特殊动物性的共同点：我们作为生命存在的人类方式。

在追寻他者的过程中，忘记自我作为一种精神技艺，会产生一种表面上看似矛盾的效果：这其实改善了我们与他人之间的人际关系。野性如何让我们变得更人性化？这是个谜。然而，护林员如乔基和我们的向导巴斯蒂安（Bastien），他们都是这类谜题的活例子，他们因为对非人类生命的热爱而更具人性。对他者的关注、去中心化的开放态度、没有被内心节奏和需求束缚的善意，使得我们在山中的人际关系变得格外特别。一个自然爱好者的团队，反过来形成了一个人道主义的核心圈子。也许这也是所有森林中的追踪者共有的态度：一种平静的接受——"由大自然决定"。这种态度意味着与生命的关系中，没有人会觉得万物都理应归属于自己，而这种态度又悄然影响着人与人之间的关系。

晚上，我在笔记本中写道："感受寒冷，享受热食，找回与一切融为一体的舒适感，脚下的小径仿佛在欢迎我们的双脚，每一块土堆都是王座，每一条溪流都是喷泉，每一缕阳光躲避云朵都是轻抚，而每一阵风也如抚摸，寒冷也很好，嘴唇干裂如我眼前的浅赭色悬崖，这也很好。手背被太阳和风雕刻得棕褐、粗糙，手心却依然白嫩如杏仁——我们如今也成了这样。"

夜幕降临时,我听见马可(Makou)唱着吉尔吉斯的民谣,给自己鼓劲,准备走到马群处。人类发明了歌唱,那是在与行走的自然节奏、打击燧石的重复敲击声以及对抗无聊的过程中诞生的,如同一面帆,充满风时带着心灵驶向远方。

*
耐心的美德

只剩一天,我们就要离开这个自然保护区和纳伦河了。

今天早上,我们依然在山脊上追踪雪豹的足迹,观察她可能在天空中勾勒出的身影,双筒望远镜随时准备从胸口升到脸前,仿佛戴上了一副面具。

这是猎鹰的面具,赋予我们猛禽强大的视觉和与这些陌生生物的超自然亲密感。我想起人类学家爱德华多·维韦罗斯·德·卡斯特罗的一句话,他试图在原始信仰的传统中定义变形的意义:变形不是将动物外表披在人的本质之上,而是"在自己内心激活不同身体的力量"。例如,这种进化能力可以让我在千步之外识别出羽毛柔软的细节,捕捉到动物宁静的目光。这种原始的变形体验,就是借用另一种身体对周围世界的感知能力。

因此，望远镜在某种意义上是一个变化的面具：它让我们暂时成为猎鹰，穿透了距离的诅咒。

我看到远处的某只动物，一只活生生的逗号，在岩石混乱中几乎隐形。它消失了。

在我的笔记中，我写道："寻觅却无法看到。窥探的喜悦。无法找到的喜悦，这种独立自主的等待、即将发生的事，耐心地燃烧着。"

为什么看到雪豹的欲望之火持续在这颗耐心中燃烧不灭呢？我们再次躺在草地上，一言不发，摆出最稳定的姿势来提高望远镜的观察压力，寻觅再次开始。注意力几乎变得凝固，天空漫不经心地飘过，而我们却仿佛只剩下凝视。

突然，我意识到我正用豹的耐心来寻找雪豹。

我大胆地推测：这种对寻找对象怀有热烈耐心的奇特能力、这种强烈的耐心、这种对注意力的高度掌控，可能是我们遗传学上的动物祖先留下的痕迹。它是我们曾经作为灵长类动物的一部分历史遗产，大约两百万年前，我们从采摘果实的灵长类演变为部分食肉的追踪者。正是用豹的耐心来寻找雪豹。这不仅仅是个比喻，而是一种共享的动物祖先遗产。这个现象类似于生物学家所说的趋同进化：这是由于一段相似的进化历史，导致不同物种之间共享某些能力的现象。趋同进化是进化理论中的一个概念，它描述了两个物种之间深层相似的特征，即便它们的共同祖先并不具备这些特征。例如，海豚（哺乳动物）和鲨鱼（软骨鱼类）都有流线型的鳍，这是由于它们在长时间的进化过程中，经历了非常相似的选择压力。这一概念如今不仅被应用于身体器官的研究，也逐渐扩展到行为模式的研究中。

基于这一概念，我们可以构建"人类的动物祖先性"这一想法，并在我们身上寻找它的痕迹，以便更好地理解我们是谁。[4] 豹的耐心，作为一种行为能力，可能正是我们与某些其他生命形式共享的认知和情感模式之一，那些我们在漫长的进化阶段中，与其共享相似生态环境的生命形式。所有那些生活在需要通过捕猎来维持生命的世界里的生物，都会展现出同样的炽热耐心。相似的生态需求，带来相似的选择压力，因此产生了相似的行为解决方案。当作为猎手的生物具有观察猎物的耐心、专注力和对欲望的掌控，这种行为特征便会通过自然选择成为其生物谱系的一部分。这种耐心便成了生态进化的馈赠。

雪豹和人类可能平行地继承了这种独特的耐心：当然，我们不是从雪豹那里直接继承的，因为它并不是我们的祖先。这就是行为趋同的意义所在。我之所以将这种耐心归于豹，只是因为在她的外在表现中，这种耐心展现得最为纯粹，远比我们人类那复杂交织的行为模式更加明显。就像是生态进化的某种随机抉择，雪豹以壮观的方式展示了某些我们与她共享但并不明显的特征。

有人说耐心是人类独有的品质。圣奥古斯丁在探讨耐心的来源时，起初自豪地认为它来自"人类意志从自由的深处所汲取的力量"[5]，但最终承认它应归功于上帝的恩典："耐心这一美德是上帝慷慨赠与的伟大恩赐。"当他定义耐心时："如果我们希望我们尚未见到的东西，我们就要耐心地等待"，他的这句话也同样适用于每一个捕食者。

如果我们愿意追溯耐心的起源，不是以几千年的文明为尺度，而是以我们数百万年的进化为尺度；如果我们愿意按照尼采的方式，从地质年代的尺度来追溯其谱系，耐心的起源便会显现出另一种清晰：它实际上可能来自我们曾经的雪豹——也就是大约 240 万年前，我们的灵长类祖先在进化过程中学会了捕猎，而不同于那些仍然保持食果习性的灵长类亲戚。如果你仔细观察这些亲戚们，他们从不会像捕食者那样长时间、好奇而专注地观察其他物种，他们只专注于无尽的家族戏剧：因为他们从未经历过那些强大的选择压力，那些促使捕食动物进化出耐心的压力。

因此，可能正是追踪、埋伏和捕猎的进化阶段，催生了豹的耐心，并最终在我们人类的进化中留下了印记。这种生活方式持续了超过两百万年，必定在我们的生命方式中留下了某种痕迹。我们是以雪豹的姿态来渴望雪豹。这种耐心与杀戮无关：它被其他生命形式吸引，并从捕猎的起源中转向了一种不带利益的兴趣，就像自然学者的兴趣那样。就像某个人在回家途中，突然被车前灯光中的一只正在警觉的鹿的美丽吸引，片刻间陷入了迷恋。

为了摆脱那些关于我们是谁的旧神话，我们必须精确比较。

这种炽热的耐心与腐食动物的耐心不同，腐食动物的耐心只是一种冷静的等待，但这种耐心可能也部分存在于人类身上（数十万年的腐食生活也必然在我们身上留下了一些适应这种行为的痕迹）。我们长时间观察到的盘羊也没有对其他物种表现出同样的专注。山羊在寻找捕食者时的耐心，其质地和情感色彩与捕食者的耐心不同：它是一种对潜在危险的警觉，不带有欲望的成分。

我想到了那些在蒙大拿州观察麋鹿群的狼群。那些饱食的狼群，虽然并不饥饿，却仍然专注地观察它们，带着和我们一样的热情，带着饱食后的那种无所求的快乐。进化赋予了你一种对有益于你的事物的无比喜悦和无限兴趣。在阿拉斯加的卡特迈河边，通过互联网连接的摄像机，我们可以看到一只熊母站在急流中的岩石上，耐心、专注、全神贯注，仿佛凝固不动。这种炽热的耐心[6]，毫无疑问是一种动物美德。它也是我们所继承的动物美德之一，后来被转化为其他看似奇怪的行为，比如在学校的长椅上认真听讲，像一只被驯化的小熊一般。

*
人类的动物祖先性

因此，正是通过雪豹饱食之后的耐心，我们才能追踪她。现在，这种耐心已不再与捕猎和进食的欲望有关，而是随着生活条件的变化，在不同的表达条件下与其他特质相结合。

我们如今生活在"无猎物的世界"中，这使得我们能够重新发明并重新分配我们祖先生活中认知和情感模式的遗产，将它们用于千奇百怪的事物。这种耐心从其他动物那里转移到不同的目标上。它是激发自然学家和野生动物摄影师的炽热耐心，也是所有调查者、研究者、街头探索者、书籍探寻者以及网络浏览者的动力。这种炽热耐心源自我们狩猎-采集者的过去，经过近两百万年的进化，现已准备好为千百种发明用途服务。我们不仅在追踪时会激发这种耐心——而是因为我们曾在遥远的过去追踪过猎物，才会在今日的生活中激发它。

当然，我们也有其他形式的耐心。我们在关注其他物种之前，曾经是食果动物和采集者很长时间；我们体内蕴含着许多动物祖先的沉积遗产，来源于我们的漫长历史，但它们并不是在所有条件下都会表达。豹的耐心并不代表所有人类的耐心。应对让你愤怒的人的冷静耐心，或许来自狒狒的耐心。根据灵长类学家雪莉·斯特鲁姆（Shirley Strum）的假设，她在观察幼年狒狒的玩耍时，发现它们是在锻炼自我控制的能力。而当父母面对孩子的过度需求时所表现出的耐心，可能是源自狼等社会性动物的耐心，在这些物种中，父母共同参与抚育后代。

采集和收集的生活方式也一定在我们身上留下了其他动物祖先的印记——某些行为模式可以通过观察其他生物来更好地理解。它们可能在某些方面比追踪行为更为强烈，因为我们作为叶食性和果食性采集者的时间要比作为追踪者、猎手或食腐者的时间更长，也更早。

再次强调，这一实验要求我们把自己当作自己的实验室。我们必须进入野外，长时间地采集野生植物、浆果和坚果，才能在我们身上重新唤起那些远离我们所谓的"人类奇特性"的行为模式。这些行为模式与其他采集性动物是共享的。而像弗朗索瓦·库普兰（François Couplan）这样的野生植物采集专家，可能会以亨利·詹姆斯（Henry James）般的细腻感受，精确描述出这些行为模式的精细结构。

当你寻找可以生长藜科植物或酸苟萝的草地时，活跃在心中的那种灵敏注意力；当你发现比利牛斯山脉的枯死松木树干与野草莓之间存在反复联系时的感知；当你在阳光照耀的高海拔地区找到遍地生长的蓝莓时的喜悦；这一切都是我们作为采集性动物所遗留的行为模式的一部分。因为我们作为采集者的时间比作为猎手的时间更长，因此我们继承了另一种耐心，即采集性动物的耐心，它无休止地徜徉、挑选并小心翼翼地采集各种植物，各有其用途。这是鹿的那种悠然自得的耐心，鹿选择它们最喜欢的草，甚至知道哪些树皮在春天能治愈它们的胃病。

这是一种蕴藏在我们体内的食草动物的祖先性。传统的自然学家会认为这是人类理性、抽象思维以及无私精神的表现——但实际上，这是动物行为的遗产。自然学家们将这些行为从原来的功能中转移出来，应用于植物分类学的艺术中，但他们应该感谢他们的祖先，是祖先赋予了他们这些能力以及对这些能力的热爱。因为行为模式将各种力量和欲望封装在我们体内。

此时我们需要片刻沉思，一种奇特、全新的必需的祖先崇拜仪式——对我们前人类祖先的崇敬。

我提出这样一个假设：任何一种能够专注于所寻找对象、耐心等待，并在等待中让欲望越发强烈的视觉耐心，这种热烈的耐心，类似于豹的耐心。只有那些在进化史中经历过类似行为趋同的动物，才会拥有这种耐心。

（看看猫的身体，它在欲望和自我控制之间抖动全身肌肉，等待跳跃时机的掌控，正是这种纯粹的自制力确保了跳跃的成功。）

如果我们承认，围绕我们生活的生物的行为模式是进化的结果，那么在我们体内，不仅仅在我们的身体中，甚至在我们的精神中，都有我们过去的痕迹。这些痕迹是多样的，它们相互结合，为我们打开了无数可能性，它们构成了我们欲望的强度及其多样性，影响着我们的情感反应以及我们目标的创新性结构。它们是一种调色板，而每个人都是一幅画。

因此，我们之所以如此自由，并不是因为我们没有"本能"，而是因为我们有太多的本能，它们在我们体内不断回响、重组。这些动物祖先性能够形成新的情感、欲望和气质，因为从最古老的到最近的，它们同时"存在于我们经验的表面"，并因此提供了无尽的组合。我们拥有千种内在的动物性，正如其他动物一样，但我们的文化和技术生活方式使我们能够以多样的方式组合这些动物性。它们揭示出它们的多样性，并在无尽的组合中表达出来。我们的制度、习俗和技术系统在我们身上以不同方式调节这些动物祖先性。我们的文化作为技术生态位，以千变万化的方式调节着我们的动物遗产。

山羊玩耍时、鹰为伴侣献上礼物时、雪豹被欲望的对象迷住时、狼在好奇巡逻并探究新世界时，我们在其中认出了自己内在的基础力量。熊，那永不知疲倦的品尝者。人类的动物祖先性就像传统万物有灵信仰中的守护灵一样，成为科学上已证实的具象。

因此，练习豹的耐心发明了一种全新的观察动物的方式：它是一种观察动物的技艺，但不会忘记自己也是动物。它知道自己的技艺是一种由动物力量编织而成的技艺，而这些力量可以在体内被重新唤起，也可以在体外找到。这是生态进化馈赠的礼物——豹的耐心。这份快乐，生机勃勃的能量，贯穿生活的探索强度，构成了生命的真正意义。这个反转是奇特的：这不是诅咒，而是感激——感谢自己是动物，被进化赐予的强大生命力量驱动，这种力量如此充盈，如此容易被释放，并且可以转向其他目标（因为人类还远未结束发明那些可以让他们全身心投入的探索、作品和项目，带着他们无穷无尽的雪豹耐心）。解放我们动物力量的可能性，也是进化的礼物，它的原始可塑性，使得所有生命都能经历这些意外的用途或功能的改变，这便是所谓的外加功能转化。[7]

*
动物的生活艺术

豹的耐心并不是一种道德上的美德，不是某种提升自我、超越我们内在古老原始动物性的美德。它也不是理性对所谓野兽般的欲望加上的缰绳。实践这种耐心，正如人类学家爱德华多·维韦罗斯·德·卡斯特罗所写的，实际上是"在自身中激活一种不同身体的力量"[8]。这是一种类似于万物有灵的变形现象，但它在理解我们这些内在动物力量的同时，也融入了生态进化的视角。

事实上，这种耐心可以被理解为一种对自身冲动和内心独白的控制。无论是禅宗还是斯多葛学派，这些哲学流派都认为这种耐心是追求智慧的基础。而更有可能的是，在猞猁潜伏、熊捕鱼或豹接近猎物时，这种耐心比我们人类要表现得更显著。因为它们更自然而然地拥有摆脱那些杂乱思绪的自由，而这恰恰是它们的无能之处。我们则需要学会这种能力。我们人类，每当需要专注于当前时刻时，往往被无尽的内心独白困扰，从而无法完全意识到当下。而现代那些分散注意力的设备让我们无法专注于当前的欲望和事物的节奏。

只有西方的思想家才会认为智慧是远离自己内在动物性的产物，是通过摧毁动物性来升华的。反观禅宗智者，他更倾向于与他内在的猫靠近——靠近它的智慧力量。（此时，我也想到早晨在阳台上鸣唱的雀鸟，它似乎嘲笑我已经开始思考明天或下一年。）

或许，研究动物智慧的行为学有其重要性。例如，豹的智慧不仅限于它的耐心。孤独的猫科动物那种宁静的主宰力，抑制连锁思维的能力，以及享受周围自然世界的细微馈赠，使得它成为家庭智慧的主人。它发明了一种独特的生活方式，这种方式人类——那些社会性灵长类动物，长期为权力与影响的游戏所困——无法独自发明。由于进化的原因，孤独的猫科动物发明了一种"无臣主的主权"生活方式。这正是问题的矛盾所在：如何成为没有权力的国王，没有拥有任何臣民，也因此没有被任何人占有。无论是高原上的豹，还是你家里的猫，它们的举动都清楚地表明，它们已经找到了某种至高的尊严，这种尊严是地球上最伟大的国王们少有达到的。

它们的独立性是无国之王的特权，因为它们没有任何可以失去的东西，不可能被我们掌控，因为它们对任何人都没有权力。孤独的猫科动物是帝王，无需统治任何帝国，除了对自己的控制。由于它们几乎没有或很少有无法满足的生存需求，因此它们的感情是一种自愿的馈赠，而不是依赖的表现。尼采的这句话作为一个政治理想是难解的："只有主人与主人之间才有统治。"和猫科动物生活在一起，这个理想变得显而易见。

还有许多其他形式的生命展示着奇特的智慧，尽管它们通常是无意识且无语言的，但我们可以学习。

然而，我们是一个文化的继承者，这种文化在其大框架内将智慧视为超越动物性、超越内在和外在的升华。为了实现这一点，必须对真实的动物形象进行丑化，将人类所有的恶习投射到动物身上（认为动物是残忍的、兽性的，无法控制自己的暴力或性冲动，缺乏远见等）。

其他一些传承则更加清晰：一些古老的智慧（如犬儒学派和怀疑主义者的智慧）致力于恢复语言出现之前的动物宁静——在这种理念的光辉下，犬儒学派的名字就变得不再那么神秘了。美洲原住民巫师达维·科彭纳瓦（Davi Kppenawa）也有着这种奇特的智慧：他珍爱自己的金刚鹦鹉羽毛，因为它们赋予他动物般的口才，使他能够与那些穿着西装、破坏森林的白人首领进行对话。[9]

我们可以从孤独的猫科动物的无臣民主权、乌鸦的好奇散漫、狐狸作为不知疲倦的品尝者、熊的专注而无杂念中学到很多。这些都是动物的艺术，动物的生活艺术，它们隐藏在我们的内在，并一直以其力量滋养着我们，是我们或多或少遗忘或曲解的艺术。

这种逻辑是差异的逻辑，没有因独特而自豪。在所有生命体之间，并不存在本质或程度的差异，而是不同的问题需要解决，以及不同的进化历史。这是一种亲缘关系的逻辑，力量是共享的；外在和内在的生命都是令人着迷的。当然，其他动物不会解微分方程，但这又有什么关系呢？

第十二天

今天是离开的日子。雪豹仍然在山脊间保持着它神秘的身影，但现在它已经在我们的内心扎根，成为一种可被激活的力量，让我们生活得更加坚定、更富活力和智慧。经过这些日子从它的世界视角出发不断地寻找，我们通过向导和护林员们的细腻知识，最终了解了它。我们在猜测是雪豹常用的路径上放置的相机陷阱已经启动，它们机械般耐心地等待着，毫不懈怠。这些机器承载着我们对看到和理解它们的渴望，甚至延伸至我们不在场的沉默与孤独的冰川山谷。

几个月后，我们回到家中，收到来自护林员的一封电子邮件，他们在夏末再次前往雪豹的山脊，取回了相机陷阱的影像。他们向我们发送了照片：它们终于现身了。

第四章　追踪的隐秘艺术

八月，为了寻找偏僻山谷中狼的踪迹，我们几个朋友在上瓦尔省（Haut-Var）碰头。

从国家野生捕猎及野生动物办公室有用的公告上、互联网论坛，以及村庄里的赛马投注站搜集到的一系列信息，让我们觉得能够从这里发现一些东西。然而我们中没人能预料到将发现什么。这里有着丰富的线索可以收集、数量众多的谜题等待解开，互相追踪的线索繁多，从那以后，我再没有见过类似的地方。

就在峡谷大转弯的上游，在两条人迹罕至的交汇处，一股味道让我们注意到一具羊骸骨七零八落地散落在这儿。我们沿着西边郁郁葱葱且很陡峭的岩壁绕过峡谷。我们用动物的目光环视着，时而跟随野猪的小径，时而沿着鹿群的通道，最终到达一个奇异的山谷。

在西侧的岩壁上，遍布着松树和毛萼栎树，野猪在这片区域到处用鼻子拱地挖出随处可见块茎留下的痕迹，我们来到了野猪的地盘。森林乍看似乎从未有人类到达，然而仔细观察，野猪拱地的痕迹遍布，使地下的根系暴露出来。干燥的石墙证明曾经有人类在这里频繁活动，尽管年代久远而且已经不再继续。在河的另一边，在东面的岩壁上，远离一切的部分草地仍被用来放牧。蜿蜒的河流中富含黏土，呈现出绿松石的颜色，在水浅处呈乳白色。

在观察的过程中，我们在干掉的黏土上发现了第一个犬科动物的脚印。我们不是专家，只是经验丰富的业余爱好者，但是我们开始能够识别出哪些痕迹可以用来确认狼的行踪。这个脚印很大，大约有11厘米。脚印是棱形的，边缘清晰，爪子尖利，中央掌垫和前部的几个脚垫分得很开，这是典型的狼爪。然而不能仅凭一个脚印下结论。我们的注意力变得敏锐，一种巨大的、安静的、远古的兴奋占据了我们，一种强烈的快乐使我们的目光更加犀利。在更远处，出现了一条长长的踪迹。我们将两条缰绳系在一起，让它们沿着印记前进。这些印记很集中，分布在一条线上，刚好证明它们是狼的踪迹。狗作为狼的后代，因为温顺和对人类的依恋而被选择，终其一生，都和少年时期的狼一样：它的踪迹更加潦草，呈现出两条平行线。它丢掉了狼独有的踱步的完美艺术——狼在向着目标行走的每一步都在优化自己的脚步。

我们看到越来越多的痕迹：后爪印和前爪印重合，

后爪印更大，几乎刚好将前爪印覆盖。这是区别两种动物的另一个标志，可能是狗已经丢掉的一种古老的适应能力。这种能力使狼成为冬季最强的捕猎者，能够降低在雪地里奔跑时力气的消耗。我们追踪的这只动物很可能在疾步前进，因为它后爪的印记略微越过了前爪的，我们沿着它的踪迹前进。

当我们来到河与小径交汇处形成的一片林中空地时，眼前的一幕使我们停下脚步。数以十计的脚印分散在黏土上，此处和小径上都没有人的足迹。所有足迹都是狼留下来的，但大小不一。这是许多头狼活动时留下的痕迹，可能有一头是体型硕大的雄性，另两头中等体型的可能是一头雌狼和一头未成年狼，以及一只当年出生的小狼崽跟在最后。

我们在沉默中溯流而上，暗自希望能和这群在山谷里避暑稍事停留的狼相遇。河的两岸围绕着一到两米宽的黏土带，干旱减小了河水流量。绵延几百米的河岸，就像两页白纸，全由历史执笔，记录下一系列生活日常，成为关于一个家族生活的神秘小说。

追踪有时就像晚上回家，来到苍穹为天花板的大房子中，并在家里寻找和我们一起生活的生物到处留下的痕迹。它们在我们缺席时的日常活动透过这些痕迹表现出来：厨房桌子上散乱的碗里还留有谷物的残渣，洗手池前踢掉的鞋，我们能够通过所有这些小痕迹追踪到一个心爱之人的活动，得知他关心什么，乃至他的精神状态。我们可以了解到他居住的艺术，和我们在共同的世界里交融共处的艺术。

在我们眼前，几百个脚印在黏土上交错分离。狼在这里生活。我们在稍远的隐蔽处扎营。一个谜题开始浮出水面：为什么这些足迹沿着河岸延伸数十米？每年这个时候，正是小狼出窝的时节。这群狼把它们的活动范围缩小成它们广阔领地上的一个具体地点，这是除了产仔时，它们唯一一次在幼崽周围定居。这个地点往往是一片略隐蔽的空地，狼类学家将它称作"见面地点"。小狼崽们通常被安顿在这里，当狼群里的其余成员去捕猎时，通常会留下一头年长的狼照顾它们，可能是祖父，可能是姑姑，也可能是它的父亲或母亲。去打猎的狼吃饱后会规律地回来，将多达七公斤的肉喂给嗷嗷待哺的幼崽们。通常"见面地点"离小溪或河流几百米远，方便小狼崽和狼群解渴。每年的这段时间，找到狼群的办法就是溯流而上寻找和河道垂直的踪迹。如果这些踪迹很密集，我们可以期待它就是从河边通往"见面地点"的道路。但是我们的狼群，这个选择了这个山谷的家族，并没有垂直地走向河流，而是一直以来小心翼翼地沿着河行走。然而这里的地表是黏土，很滑，石头遍布，按理来说不良于行。那么它们为什么留在这里呢？为什么坚持在黏土上行走呢？更神秘的是，在好几处，河沿岸的踪迹最终垂直踏入河流，并在一两米的地方停下。然后，足迹告诉我们，狼从后方回到了陡峭的河岸上。

这到底是怎么回事呢？

*
思考的艺术

这是一场足迹游戏，足迹在河边的黏土地上组成了一条小径。诚然，可见之物并不多，有的只是狼在泥泞中留下的一些痕迹而已。但以另一种眼光来看待，就能重构出一条轨迹，推断出一个过程，一种步态，一系列意图，诠释着在一个地方生活的方式。我们通过目之所见把握狼群的情绪，为了追踪狼，我们不得不用狼的方式思考，以理解它的意图，不得不用狼的爪子前进以理解它的运动。这里，我们看到狼的前爪印呈平行状深深印进土里，说明它刚好在我们站的位置停下来，观察环境，从低处嗅着羊留下的气味。在那里，它高高在上地观察着它的王国；在这里，脚印是为了针对其他狼群标示出一条边界，如果不打斗或是较量就不能越过这条边界。皇家狩猎队中尉乔治·勒·罗伊，也是百科全书派狄德罗和朗贝尔的密友，在他的《动物书简》中描写了哲学意义上的追踪："猎人跟随着动物的脚步，仅限于寻找它逃走的地点；而哲学家则从中读出动物的思想史。后者从中分辨出动物的不安、害怕、希望；看到使动物变得小心翼翼、使动物停下或加快脚步的动因；这些动因是确定的，否则像我之前说的那样，人们不得不假设一些无因之果。"[1]

在关于卡拉哈里以捕猎采集为生的布须曼人的追踪行为的田野调查中，人类学家路易·利本贝格（Louis Liebenberg）发展出了一个关于追踪在人类推理能力萌芽中的作用的假设。这一想法将在最后一章展开。

假设如下：人类的智力发展是从解谜、阐释、猜想等能力的角度进行的，因为距今三百万年左右，人类就处在一个要靠寻找才能取得食物的生态环境中。动物作为天生的捕猎者拥有极强的嗅觉。实际上所有问题的关键在于我们原本是食果动物，也就是说，我们是由没有嗅觉的视觉动物发展来的捕猎者和追踪者，也就意味着注定要寻找缺席之物。

为了在没有嗅觉的前提下达到这个目标，就需要唤醒能看到不可见之物的眼睛，唤醒精神之眼。在追踪过程中，我们在动物身上看到了智慧决策能力提升的潜力，通常是类似看见不可见之物的能力，例如动物的目的地或者是它的一系列过往。追踪可能是促使人类智力发展的因素之一。夏洛克·福尔摩斯（Sherlock Holmes）只是我们祖先作为灵长类追踪者的一种极端形式。当我们谈到"显形艺术"时，保罗·克利（Paul Klee）则是另一个例子，他比不像前者那样长于分析，但对宇宙的痕迹十分敏感。

我们所在的山谷中的谜团越来越深。一组属于成年动物的爪印给人留下深刻印象，它们可能是那头负责繁殖的雄狼（之前科学家称它为"阿尔法"），领着小狼崽行动留下的爪印。体型硕大的雄性踩入河水，而小狼则勉强跟着它，最后止步岸边。

更令人好奇的是，每天白天，正上方的峡谷大转弯都站满了溪降爱好者。这些奇怪的两脚兽都身着连体衣，头戴荧光头盔，喊着"banzai"跳入水潭。与此形成对比的是山谷的下半部分。因为洪水过后的道路坍塌而被封闭起来，因此要安静许多。然而狼的足迹集中在这里，刚好靠近人类活动的地点。为什么狼群不去更远更安静的地方呢？这始终毫无头绪。

傍晚，我们在离小路不远的地方洗澡，然后在一个被湿黏土遮挡住的火苗上小心翼翼地烤肉。

然而，第二天，一道奇怪的不起眼的光吸引了我们的注意。在大转弯的下游，浅水处遍布鳌虾。在动物大脑朦胧的运作中，不经意地浮现出一个假设：狼群曾在这里捕虾么？我们内心不认同这个假设，因为这对我们的"大型捕食者"狼来说似乎是不可能的。之后我想起曾经读到过加拿大北方的狼会捕猎三文鱼，可能也捕鳌虾。然而，狼群在此处的路径终于变得合理起来，它们在水中前进造成的凹陷实际上是捕虾的位置。河岸边它们一丝不苟的行走痕迹，就是耐心寻找猎物的过程。现在我们的眼睛懂得该寻找什么：如果这个奇怪的故事是真的，那我们应该发现什么呢？这就是追踪的精髓：过去是不可见的，但是只要存在就会留下痕迹。应该从不可见的假设中推断出可见的关联，之后在景观中寻找它们。追踪过去的痕迹渗透到了现在。就这样我们在河岸上寻找和发现一些淡粉色碎屑，它们原来是鳌虾的残骸。鳌虾被笨拙地剥开，或者更确切地说是撕开，被吞下去一半。我们将不得不继续搜索：假设变得更加真实、有趣，但也并没有被绝对肯定。追踪不是一门精确的科学，这是一门行动科学，每个假设都引导着脚步和目光转向别处——它所激发的欲望不是下结论，而是继续寻找。

如果这个假设是真的，那就给我们上了生动的一课。我们以为狼在大峡谷里自发地远离人类活动。我们人类是那么自恋，以至于相信自己能够解释狼群行为的主要动因。但即使我们的假设成立，事情就变得不同：离人类的距离对它们来说似乎并不重要，它们之所以出现在峡谷谷底，是为了捕虾，而鳌虾就在峡谷底部。从狼本身的视角出发，它对人类不可见之物感兴趣，它们生活的方式有其合理性，它们身上的矛盾之处也由此显现。大多数野生动物并没有被隔离在纯野外，它们生活在我们中间，是和我们相伴而生的动物。但是从它们的逻辑、它们的生存方式以及活动领地出发，它们本身并未和我们生活在一起。

那么，成年公狼和小狼的足迹可能是另一个故事：我们是否正在见证一场实践教学？沿着这两条交织在一起的足迹，我们在它们无形的轨迹上穿越时光，沿着它们的足迹遍历它们自己的习惯。小狼的足迹止于岸边，它的小爪子印显示，它面向着河流的方向，保持身体与河水流动的方向垂直。这可能是它在观察并学习着；在它面前，它的父亲正在水里教它如何捕虾。我们还可以观察大狼的足印得知，它的大爪子伸进了河里，然后又回来了。

就这样，通过像回溯回忆之河一样回溯它们的足迹，我们将会发现这个社会性极强的物种学习时留下的痕迹，它们在学校的一天留下的痕迹。这个物种生存的要义是代代相传的捕猎技巧。

故事并未就此结束。又一个冬天，我再次回到这里，却没有发现任何痕迹。第二年夏天，我躺在盖着一个军用网格帆布的睡袋里，伪装起来独自守候窥伺了一夜，但没有发现任何狼，也没有找到任何狼出没的痕迹。第三年夏天，还是什么都没有。又一年过去，我们几个人带着赌气的决心又回到这里。我们在此处一无所获。另外，我得知这个地区有人开枪打死了一些狼：狼群是否已经被消灭了呢？同样的河岸、同样的地点，印记却消失了，这给我们带来了一种奇怪而又哀伤的感觉：就好像你回到了你过去度假的一个乡间别墅，在这里你曾经和你的密友缔结联系，但从今往后这间别墅却空无一人，只余下回忆和死寂。

所以它们还在这里么？它们回来了么？还是说它们从未离开？但也许是另一群狼，或者是一只漫游的狼？最终，通过追踪它们的痕迹，我们在一条小径上发现了关键的元素，这将确认一个三年来悬而未决的假设。这是一大坨包含有毛发和骨头的狼的粪便，当我们把粪便剖开后，发现其中充满了难以辨认的异物。直到一个念头在脑海里一闪而过，我们豁然开朗。这是变白的甲壳质，略带玫瑰色，它们是虾壳的残留物。

过去的假设的两个方面几乎在同一时间被证实，一种独特的情绪油然而生。同一群狼，在消失近三年后，在同一地点出没。之所以说是同一群狼，是因为它们有着相同的习惯。据我所知，根据法国境内的记载，不同狼群拥有同样传统的情况尚未出现。

这是一种带有哲学色彩的情感，因为我们能确认这确实是同一群狼穿越时空而来。它们并不是出于生物学规则而被界定为同属一个家族，也就是说出于遗传基因或外貌，而是因为它们有共同的文化。正是他们的狩猎文化使我们能在时间的流逝中识别它们，时间充当了伟大的变革者：领地可能移动，个体可能死亡，首领夫妇可能发生变化，其他狼可能加入群体并夺取权力，这一切对我们来说是不可见的；然而，有些东西比个体或首领更能抵抗时间，那就是传统。狼群的连续性，使我们能够称其为"这群狼"，这并非通过自然的遗传血缘关系，而是通过一种文化的统一，才会随着时间的推移而显现。我们从未见过这些狼；我们不认识狼群中的任何个体，我们不知道它们是谁，也不知道它们有多少，然而，仅凭这一线索却给人一种确切的认知感，一种血缘关系、传统的感觉，证实了它们的存在和统一性。将它们从生物物种的匿名性中解脱出来，在那里每头"狼"据说都是由物种的抽象特征（狼的本能或行为图谱）解释的，这条线索却赋予它们独特的风格，以及它们在这片特定领地上的族群历史。

无形之物的密度和广度是不可测量的：我们对它们的身体、行为一无所知，我们对它们的存在也一无所知。然而，通过追踪它们不可见生活留下的细微但可见的痕迹，我们找到了一些强大且与时俱进的东西，是他们独有的，就像一个偏僻村庄的罕见习俗，一种温和的问候方式，表明居民们共同归属的一个标志，即使在流散后仍然存在。毫无疑问，这就是它们，或者是它们的后代，始终是一个共享传统和独特技艺的群体。正是通过看似最不可靠、最无形、最不可见且最缺乏物质持久性、自然可重复性的东西，最可靠的知识得以浮现。这种识别方式在动物中是罕见的。在这里，自然学家的技艺变得更加丰富：我们不仅分类出了生物学类型灰狼（Canis lupus），而且从更详细的分类中，找到了一些属于家族传统的事实：共享学习和传递捕鱼文化。

*
分享记号的艺术

回到第一次追踪的日子，当时我们追踪着它们夏天在泥土中留下的无数足迹，而我们的假设尚未被证实。第二天晚上，我们在隐蔽营地就寝。

将近凌晨三点时，我们一起模仿狼的嚎叫，期待按照古老的对话技术，唤醒小狼崽们的嚎叫欲望。小狼比起成年狼自控能力更低，通常不能抗拒呼唤，而成年狼可能可以觉察到这是一种欺骗，通常不屑回应。但如果幼狼开始嚎叫，整个狼群就会跟着一起合唱。在安大略省的阿尔冈金公园进行追踪时，一整群东部狼在月光下响应了我们的呼唤，持续了很长时间，没有任何攻击性，然后安静了下来。今晚，我们为瓦尔地区的狼嚎唱了我们最好的狼歌，但只有风回应了我们。

在最后一天的早晨，当我们最后一次回来洗澡时，我们中的一个人突然怔住了。在他前一天放置物品的一个树干上，泥土上有一些之前不存在的痕迹：那是狼的两只巨大的前爪，平行排列。根据这样的位置，我们唯一能想象的动物留下这些痕迹的姿势是：伸出鼻子，仔细检查我们的物品在树干上留下的气味。然后，我们发现了更多透出谨慎的痕迹：新的爪印沿着我们前一天检查过的小径出现。这些爪印是在夜间留下的。每个人都在心中得出结论：我们被我们追踪的动物追踪了。它们一直在，它们对我们的好奇几乎和我们对它们的程度相当。

这种倒置表明，追踪并不意味着人类确立了一种超然于其他生命的地位，也没有确立一个未被读取的阅读者的地位，即对作为无法看见自己的生命的唯一意识层面的解释。追踪意味着自己也是可被追踪的。

时常，当追踪者在小路上俯身探寻时，猛禽的尖叫会让他抬起头。他徒劳地探寻树丛边缘，深陷于追踪的循环悖论：当你仔细观察一个足迹时，是谁在看着你？又是在谁玩味的目光中，你成了无忧无虑的对象，也就是猎物？生命之间的客观联系在森林深处悄然反转。

要理解这种奇怪的倒转，首先要认识到我们正在发出信号。这就需要我们隐身，例如变成一丛鼠尾草。擦拭着芬芳的叶子，蜷缩起来，高高地坐在山坡上，俯瞰着山谷，等待，直到在其他生命看来，你只是众多鼠尾草中的一丛。然后，可能会有一些事情将要发生。

第二点感悟是认识到我们正在被阅读的。在黄石国家公园的一次追踪旅行经历，让我能体验到这种在动物世界中的信号生活的全部。在黄石河沿岸的拉马尔山谷，我进行了一次探险，这个地区被护林员明确描述为熊的领地。两具野牛的尸体点缀着平原，引起强大的杂食动物激烈争夺。我沿着山脊逆风而行，这样在每个拐角处我都有可能会吓到灰熊。一只叉角羚羊走到我面前。我试图安抚它，并让它在我前面先走上一百来步，成为我的先遣部队。叉角羚羊的嗅觉远远比我的灵敏，我将在它的行为、耳朵、紧张和奔跑中读到灰熊的存在，而单凭我是感觉不到的。叉角羚自顾自地走着。更远的地方，我听到了乌鸦的叫声，我在飞禽的飞行区域画出三角形，以免碰上一具尸体和某个护食的家伙。这时我开始思考：其他动物从我的行为中读到了什么？我从它们的态度中解读出它们对周围世界的了解，但它们对我的解读不也是这样吗？在鼠尾草丛中的那些漫长时间中，一只羚羊观察了我，一头野牛研究了我，一头黑熊站立着审视了我,都变得有了不同的意义。我曾以为它们对我感兴趣——他们是否实际上在阅读比我更能引起它们兴趣的其他事物呢?鸟类学家、乌鸦专家贝恩德·海因里希(Bernd Heinrich)指出,狼和熊通过乌鸦的叫声来读取猎物的存在。在信息层面上,生态系统可以被视为一个互发信号和共享信息的反馈回路。

生命在于释放信号。这就是并非出于意愿、无意识地给予万物信号,而这些信号不能被占有:这是一个纯粹赋予的现象学定义。给予和接收信号,进行交流,是将生命联系在生态共同体中的伟大生命政治的基础和本质。从地缘政治的角度来看,追踪实践表现为一种对等实践:不仅阅读信号,也被他人阅读。

*
变化的艺术

通过追踪,透过另一只眼睛看世界:如果你仔细观察,这几乎是一种魔法,或者是在萨满仪式中出现的那种变身,萨满能够将自己的灵魂移入动物的身体。正如路易斯·利本贝格所说:"追踪需要一种强烈的专注力,这是将自己投射到动物身上的主观经验。踪迹表明,动物开始感到疲劳:它的步幅变小,带起更多的沙子,休息地点之间的距离变短。当你追踪动物时,必须尽量像动物一样思考，以预测它的去向。通过观察动物的踪迹，动物的运动仿佛近在眼前。当追踪动物并将自己投射到动物中时，可能最奇妙之处就在于有时你会感到自己已经变成了那只动物——就好像你可以在自己的身体里感受到动物的运动一样。"[2]

这种能力在转变我们与生命世界的关系中发挥了决定性的作用。它要求我们关注那些非自然主义的、非西方视角的世界理解模式，看看它们对我们与其他物种的交往有何启示。

在相信万物有灵的群体中，萨满是理解非人类（特别是动物）并与之进行交涉的专家。但要进行交涉，就需要从一个物种转到另一个物种，而这不可能是自发地、毫不费力地完成，因为生命形式之间的差异涉及对宇宙视角的转变：这正是美洲印第安人的视角相对主义所教导我们的。因此，从哲学上讲，追踪在某种程度上应该是视角主义的。

视角主义是巴西人类学家爱德华多·维韦罗斯·德·卡斯特罗提出的一个人类学概念，其基础是构成印第安萨满教的符号系统。视角主义是新大陆许多民族中存在的本体论态度，这些民族共享"世界是由多个观点组成的"这一观念：所有存在者都是意向性的中心，根据它们各自的特征和能力理解其他存在者。[3]

在这个哲学内涵丰富的追踪中，真正的视角主义特点是什么呢？

在 2015 年春天的一次追踪活动中，我沿着一条小径在泥土中跟踪一只母狼的足迹。当我碰到一块又长又宽的石板，石面和苔藓上都没有爪痕。于是我抬起头，看到远处石板后面几棵杜松树之间的灌木丛中有一条缝隙。这可能引起它的注意，引发了它直行的欲望。沿着这条想象中的路径，我很快在小径的泥土中再次找到了它的足迹；右前爪的爪印依旧是分开的：这是我追踪的母狼。我在下一块石板上又一次失去了它的踪迹，但是石灰岩形成的沟壑引导着母狼的移动。因此我选择沿着它运动深入的方向继续探寻，再次在其中一个沟壑里找到了它的足迹。当我们追踪一个生命时，外在现实和我们的内心会发生什么？那就是透过他人的眼睛观察。物种的界限在这一刻变得模糊。

有时候我觉得，视角在我们背过身时，在森林中，追踪会将一种本体论替代为另一种：自然主义的模式变成了视角主义，它与万物有灵的信仰混合、交融、嵌合在一起，就像魔术师在不动餐具的情况下取走桌布一样。另一种 1∶1 比例的生命图景悄然出现在我们脚下，出现在我们正在审视的地面上——另一种值得探索和分享的本体。在小范围内，追踪是一种使我们能在不同世界、本体之间流通的实践。这种魔法如何产生？当我们感觉自己是通过他人的眼睛在看时，又产生了何种变化？

这相当微妙。这是灵魂的转移吗？是人类思想转入了另一躯体么？所有这一切都太过壮观，太过神秘，而且太过西方化。令人着迷的是，这个问题显而易见地表明，"精神"和"身体"的概念含义是如何随着一个人是自然主义者还是万物有灵论者而发生根本变化。

我们文化传统有其独特的方式来思考灵魂在身体之间的流转：轮回、转世、星际之旅。例如，转世指的是灵魂从一个身体转移到另一个身体，可以是人类的、动物的，甚至是植物的或矿物的。哲学家泰安的阿波罗尼乌斯（Apollonios de Tyane）讲述了这样一个故事，他看到一只狮子，认出它是法老阿马西斯的化身（根据雅典的斐洛斯特拉特在《泰安的阿波罗尼乌斯之生》中的记述，卷五，第42页）。星际之旅这一主题是神秘主义的表达，指的是精神似乎从身体中分离出来，过上自主的生活并自由探索周围的空间。

我们在追踪中所获得的并非此类体验，而是更加务实、贴近大地的体验。我们在森林中俯身观察某块粪便，为的是努力找回泥泞中跟丢了的踪迹。在这件事情中，没有一丝神秘主义，除非是生命本身的神秘。在我们试图描述的这种形变中，也并不存在一个幽灵一样的主体在空中飞翔，自由地探索周围空间的可能性。这种形变非常局限，它不是一种飞翔，也不是一个悬在空中的动作。它受什么限制呢？这就是关键所在。因为在追踪的经验中，身体是固定点：我们不是在身体之外旅行，也没有人在身体之外旅行。只有身体。但这不同于自然主义者理解的身体：身体传达的是非实体的精神。那么它到底是什么呢？

让我们再次回到追踪时的这种神秘的感觉，我们仿佛进入了动物的身体：但究竟是什么？在何处移动？

正如灵魂并不是在不同的身体间穿梭，而人类在追踪中也没有借用另一种动物的感知器官，就像在虚拟技术实验中戴上头盔观看屏幕，让你看到犬科动物眼中的颜色，或者鸟类四色视觉或苍蝇眼中的对比度。这当然很有趣，但它归根结底总是一种精神和二元论的心灵观念，将心灵的感知和身体的行动分开。

在追踪中发生的完全是另一回事：我觉得当我们感到自己是通过另一种动物的眼睛看世界时，以视角主义的意义来说，我们看到的是身体自己的视角，也就是它自己的能供性（affordances）。这可以被理解为是它特定身体的劝诱（invite）。

劝诱被视觉感知心理学家詹姆斯·J. 吉布森（James J. Gibson）定义为"特定身体在共享环境中进行独特行动的可能性"。身体的特定性使环境中的各种劝诱凸显出来：每棵树、小溪、浅滩、鼠洞、悬崖、其他动物的领地标记，都根据感知者的生命形式建议进行不同的动作。劝诱就像是一种引导，激发着我们采取某种行动，以某种方式行事，而并不需要意识到自己是被监视的。

例如，从两座山谷汇聚而来的小路和气味，这对狼来说是一种劝诱：它促使它标记领地，以便收集从两座山谷升腾而上的一股股气味。

又例如，对于一个能够抓握的动物，门把手就是一种拧动的劝诱，而其他动物则无法理解。对于一个有领地意识的动物，气味标记就是一种劝诱，诱使它检查并作出回应，而草食动物则对此完全不关心。对于一头在比利牛斯山区寻找完美抓挠树的熊而言，一片在山毛榉林中罕见的针叶树是一种劝诱（事实上，这也是为什么我们能在森林深处找到它粘在松香中的毛发），而其他动物甚至不会注意到这棵树。一块倾斜的岩石对于雪豹来说是地缘政治标记的劝诱，是表示其存在和寻求交配的欲望的提示，但对于岩羚羊来说，它是躲避暴风雨的劝诱；对于喜马拉雅山区的秃鹰来说，它是来自栖息之地的劝诱。

在化身为追踪者的过程中，我们继承了属于动物的劝诱，有时候正是这些劝诱使我们更加活跃，特别当我们已经足够开放、将自我收缩到几近消失的时候。

在视角主义的态度中，我们理解到可见和不可见都与个体的视觉能力相关。因此，严格来说，追踪不是进入他者的精神，而是进入他者的身体：正是他者的身体，具有独特视觉和行为能力，构建了世界观，这就是视角主义的核心概念。然而，这个身体正是生态演化的原创效应，赋予了它自己的力量和视角。例如，亚马逊地区的观念"秃鹫看到我们讨厌的腐肉，就像我们看到烤鱼一样"揭示了腐食动物秃鹫眼中的世界，它的身体能代谢和吞噬所有病原体。从这个意义上说，腐肉对于秃鹫来说是一种劝诱，可以让它享用和满足，而对于我们来说，它是一种令人反感让人想要躲避的劝诱。

这是爱德华多·维韦罗斯·德·卡斯特罗在试图定义传统万物有灵论中变形的含义时的名言的另一种可能解释：这并不是将动物外衣披在人类的心灵，而是"在自己身上激活另一具躯体的力量"。

对于自然主义者来说，身体是一艘由肉体构成的船，是原始而无知的，而精神则携带个体的身份和基于身份对世界的看法。然而，在这里有趣的是，在追踪中，我们并不关心是否将我们完整的人类精神转移到动物身上：如果我们不改换精神，就像在西方小说中展示的这种变形一样，在发现踪迹的过程中就无助于提升可理解性，我们并没有看到更多，也没有看到更好的东西。我们在另一个身体中颠簸，却什么也看不到（而问题总是实际的，需要找回到踪迹，不要迷失方向）。

这并不是灵魂的转世，而是一种变形。在万物有灵论的意义上，不是身体围绕着不可变的独特灵魂改变（自然主义的形变概念）；恰恰相反，改变的是看待外部世界的视角，因为它是由身体本身控制的，但这是一种非自然主义的意义：将身体视为特定的劝诱机制。这是"在自己身上激活另一具躯体的力量"。也就是说，接近属于另一个特定身体的劝诱。这个身体进化自依靠自己的行为学上的细微差别的感知和反应，以及它自己的生态学关系。我们在追踪者的变形中寻找另一个身体的劝诱。当我们实现目标时，我们会像狼一样看待这座山峰，山峰也会像劝诱狼一样劝诱着我们，当我们化身为狼的时候，劝诱狼就是劝诱我们。实际上这可能并不明显，但依旧令人着迷。

这一切都很难表达，我们需要迂回。再换个说法：不是我们的精神借用了另一种动物的身体，而是我们的身体借用了它们的视角，而它们的视角就是它们身体本身。当然，在这种变形中，我们身体的肌肉、骨头、毛发等方面并没有改变（这是自然主义意义上的狼人神话）；但是在严格的万物有灵的意义上，我们的身体发生了改变：我们收到独特的劝诱，以另一个视角看待世界。

追踪意味着不时地而不是随意地借用另一种动物的身体，这是一种塑造周围世界的视角。动物（包括我们）正是因为身体、通过身体、借助身体或从身体中获得了对周围世界的观察视角，换句话说，它在所经过的空间中分离出突起物和劝诱。

正是在这种慎重的意义上，我们可以理直气壮地说，经过哲学充实的追踪是改变形而上学的实践之一：这种实践悄无声息地迫使我们变得有点视角主义，也就是万物有灵论。乔治·勒·罗伊（Georges Le Roy）在上文描述的哲学追踪的确是一种自然主义实践，但当我们围着一个脚印蹲下时，我们身后的整个世界都在发生改变：它将我们的自然主义宇宙观向更多的万物有灵论关系倾斜。

我们可以尝试用几句话来概括这种哲学内涵丰富的追踪形式的特殊性：视角主义追踪关注的不是生命体的拉丁名称，而是它身体的原始力量、它的视角、它特有的重要问题、它解决这些问题的外在理性、它与其他生命体在历史性和可塑性方面的基本生态政治关系、它与某些人类活动潜在的互惠关系，最后是它的习俗和用法，比如与它交流时使用的语言。

这种对生物的特殊兴趣可以被描述为新自然主义。"自然主义"的含义多种多样，用起来很别扭，但有时含糊不清也是为了达到某种目的。在这里，我感兴趣的是达尔文和德斯科拉给出的两种含义。第一个含义是指达尔文乘贝格尔号环球航行期间，观察生物，研究一切他认为值得探索的迷人奥秘——这是所有对大自然感兴趣的业余爱好者的共同做法。在19世纪及以前，自然主义者是对自然现象抱有浓厚兴趣的科学家（通常是开明的业余爱好者）的统称。这个词最早可能出现在 1527 年左右，用来指那些对生物、矿物和气候之间的关系感兴趣的人，但当时也用来形容"那些遵循自然本能的人"。当自然科学变得更加正式并致力于更加职业化时，这个词就有了我在这里感兴趣的第二个含义，即德斯科拉的。因此，"自然主义"指的是这样一种世界观：自然本质上是没有内在性的惰性物质，完全可以用物理原因和数学定律来解释。野外博物学家很少是德斯科拉意义上的博物学家，但官方的研究实践在某些情况下会倾向于将自己局限于生物体及其属性的逻辑分类，而国家博物馆则是这种分类的载体和容器。

要描述我在这里试图描述的生命的探究，需要成为一名新自然主义者，需要成为且只成为达尔文实践意义上的自然主义者，需要摒弃德斯科拉意义上的自然主义。

新自然主义者是一位野外自然学家，他在实践自己的艺术时，不会忘记自己是一种动物，不会忘记他所研究的对象不仅仅是物理化学原因形成的惰性物质。他首先要做的不是根据标本的拉丁文名称对其进行定位，而是将其重新定义为一个活生生的邻居，与我们自己和他人之间存在着地缘政治关系、生活方式和亲密关系。

当代的新自然主义者并不一定是专业科学家，而是一个开明而谨慎的业余爱好者，我们很容易在网上找到他：他在晦涩难懂的博客中分享他的外交知识，介绍他的农业生态菜园中植物的联盟和敌意,他的地缘政治知识,介绍夜间在他的菜园中栖息的生物,他试图通过设置微妙的摄影陷阱来更好地了解这些生物……他分享了他不遵从自然主义本体论的园艺手法,他总是比那些剥夺一切的人更多地对生物进行构想,尽管不知道生物的力量是什么,也不断言它是什么物种。通过访问网络上杂乱无穷的知识,他已经挣脱出官方的生物知识的局限,这些知识不再被分割储存在专家的头脑中或遥远的图书馆里,而是在网络变得可追踪起来,就像我们在小径进行追踪一样。

与华莱士或洪堡的祖先相比,新自然主义者的独创性在于,新自然主义者知道自己的技艺是由动物力量编织而成的,而这种动物力量是他在自己体内重新发现和重新激活的,是在自己身体外发现的。新自然主义者以豹子般的耐心和发现的欲望,追踪并努力理解动物的隐秘行为;以狍子祖传的选择性采集技能,在脑海中对不同植物及其关系进行了分类和排序。古典自然主义者痴迷于对生物进行分类,而新自然主义者则对生物如何共同生存感兴趣。在这里,收集线索不再仅仅是一个科学客观和中立知识的问题,而是一种地缘政治实践。对新自然主义者来说,知识问题不是一个非实体的真理问题,而是事关生物在共同领土上共同生活的最佳方式。

新自然主义者就是不信奉自然主义的自然主义者,

或者更准确地说，是超越自然主义的自然主义者。新自然主义研究所讲述的一切的前提，是其叙事的特殊性，即叙述者是一个对其他动物感兴趣的动物，是一个对生命感兴趣的生命体。新自然主义是一种被组织起来的动物实践的自然主义。

※
看见不可见之物的艺术

这一切的难点在于，对于外行人来说，这个符号世界是隐形或加密的。它没有任何宏伟、令人印象深刻或明确的东西。然而，在动物留下的蛛丝马迹中共同寻找、揭示动物的习性和生活方式，是一件十分令人享受的事情。这不仅是一门观察的艺术，更是一门想象的艺术。

瓦尔地区不屑一顾的狼群，难以接近的猞猁，它们拒绝走过我们精心安置在萨瓦省的武阿希（Vuache）高原上猞猁巢穴入口前的相机陷阱。树木通过无形的乙醇相互交谈，鸦类拥有决策智慧，却把自己伪装成天真的麻雀，春蜱伪装在土壤中，使土壤变得如此复杂而富有生命力。这一切都说明生灵并非有意隐身，它们并不是谜题，它们所有隐藏的宝藏都是不可见的。它们的沉默，它们不屑一顾的艺术，让我们不得不殚精竭虑才能让它们用开口说话代替腹语。而还原它们令人着迷的维度，证明它们是多么不可复制，有时会让我精疲力竭。

我们很容易把它们看成是愚蠢的，也就是说是无趣的：虫子、动物机器、数学定律的案例、机械原因的结果。我们的文明就是这样对待它们的。我们必须努力恢复它们在语言诞生之前的生命魅力。但这需要通过语言来实现。

这要求对我们周围的生命世界保持不同的敏感度。

我们可以把生物对生命迹象的任何关注、对支配它们的无形结构的任何线索、对与它们有关的任何痕迹、对它们的居住和共处方式的任何关注以及对它们的调查称为生态追踪。

雨燕在低空飞行，我们就能读到晴朗的天空很快就会下雨。雨燕是敏捷的食虫动物，它们在空中追逐着浮游生物，任凭看不见的气压摆布。我们猜测牧场上是否有鹅掌楸或银耳，因为它们喜欢家畜散播的无形的氮；我们从狼的爪印中解读它的好奇心，因为爪印表明它在岬角上停了下来。

从红玫瑰果的残骸中，我们读出它喂饱了一只看不见的黄雀，因为黄雀吃掉了果肉留下了种子，抑或是读出它让一只看不见的欧洲绿雀愉悦，绿雀的做法恰恰与黄雀相反，吃掉种子留下果肉。这就是这类型追踪和实例。

我们单膝跪在枯叶中，贴着腐殖质，寻思着这条线索意味着什么：麋鹿挖掘块茎植物，只吃其中的一小部分。

你可以认出它的两颗下门牙，这两颗门牙在树皮上划出一道道凹槽，但它会留下其他部分。它几乎会把每块茎咬一口但不吃完。为什么呢？它是在用自己的方式保护资源吗？是为了让块茎重新生长？还是因为块茎含有太多单宁了？这完全是个谜。

生态追踪并不意味着你必须置身荒野：你可以调查在巴黎屋顶筑巢的海鸥的习性；你的猫的夜间习性，以及它对当地生物群落的影响；阳台蚯蚓堆肥箱中蠕虫的复杂社群，你与它们之间有着微妙的互惠关系；阳台生态菜园中植物之间的共生和对抗。（或研究在城市中熙熙攘攘的人群留下的伦理和生态线索，尽管人类极力否认，但人类在作为人之前首先是生物。）

我的伴侣会在我们位于市中心的阳台上留下一盆肥沃的土壤，为那些喜欢冒险的杂草腾出空间，这些植物会在风或鸟类的嗉囊的帮助下开拓新的领地。这有点像游牧民族的待客习俗，在餐桌上留一个空位，以备不时之需。今年，这些植物旅行者中的一种——普通豚草，在我们这里安家落户了。

露台的屋顶下住着燕子一家。成鸟喂饱了雏鸟，然后在古老的召唤中飞往非洲过冬：大约在 8 月 1 日或 2 日，年年如此。雏鸟还不会飞。它们会多待几天或一周，在无人帮助的情况下飞上天空，做一些练习，然后在神秘的感官指引下，沿着父母的足迹独自前往非洲，开始它们完全陌生的迁徙。我们有时会给它们喂苍蝇的幼虫，这些苍蝇试图打扰我们住在蚯蚓箱里的蚯蚓盟友。当它们飞得很低时，我们就知道马上要下雨了，于是在它们的鸣叫声中把衣服收进屋里。豚草很高兴。谁说我们在宇宙中是孤独的？

我们所说的追踪，指的是根据经验要素，获取非物质的和隐形的生命结构群落的全部能力。而这些经验要素是多变的，别人是看不见的。"没有不留痕迹的存在"这是追踪者的至理名言。追踪让痕迹显现出来。

追踪可能是获取被"经验灭绝"削弱的生态敏感性的一种方式：我们失去了对生物的敏感性和知识。它要求我们面对眼前的景象，提出"谁住在这里？""他们如何将这个地方建设成为一个家园？"的疑问。

不需要形而上学，他就能将自然的体验——被自然主义现代性编码为灵魂的镜子、给人充电的田园之地、体育表演的背景或自拍的背景——转化为沉浸于共享的、纠结的栖息地中的符号的狂热。生态敏感性是指在把空旷的空间，用其中存在之物重新填满，这些存在物彼此联系，同时自我相连。

清晨，在上班途中的高速公路上，我经常会看到一只红隼在滑翔，它的翅膀一动不动，用它那洞察一切的本领盯着一天中的猎物。这是一种一成不变的快乐：一种如前所述的礼物，没有任何东西可以被侵占，一种没有人失去所给予的礼物，一种别无所图的礼物，但它唤起了我内心深处的一种永恒的感激之情，那是对被卷入生物史上这一命运共同体中的活生生的同居者的感激之情。我对它们的美丽、奇特、多样性和可敬感到欣喜。红隼生命形式的神秘性让我联想到了自己生命的神秘性。作为一个活生生的人而存在，对我来说仍然是一个谜，但这个谜在与其他生物的谜的接触中变得更清晰、更丰富、更有生命力。

追踪还带来一种奇怪的现象，其中包括一种难以理解的快乐和一种被放大的存在感，这仅仅是因为每天都有其他生物出现在我们面前，他们是偶然遇到的邻居，有时甚至令人讨厌。它们按照不可理喻的奇怪的隐秘动机生活着。

追踪的艺术就是通过解读看得见的线索，来发现与我们共同生活在这个世界上的隐身群体。

追踪作为一种勘测方式，揭示了我们熟悉的徒步旅行实践中不为人知的局限性。与追踪所形成的关注形式相反，徒步旅行者有时表现得对其他生物麻木不仁，在穿越他者错综复杂的栖息地时却只见自身，将其视为个人的游乐场和精神资源。正如蒙田在谈到某位旅行者时所说："他在旅途中什么也看不见，因为他局限于自我。"[4] 就像是在家的某个角落里，处在一堆杂物之中。在追踪的过程中，我们常常会惊讶于西方人的奇怪习惯，他们大声说话，毫无节制地大笑：只有在家里，人们才会允许自己如此吵闹。

此外，作为一种态度，在追踪的过程中，在我看来，我们看到的、感受到的，尤其是想象到的东西，与我们在明信片式的美学景观或壮观的视角中看到的完全不同。从数学意义上讲，这些事物赋予了景观一个额外的维度，以各种方式对其进行挖掘，让其他形式的生命栖息其中，在那里安家落户，让旅行、狩猎、动物游戏、冲突、游行、恐吓、危险、恐惧、复杂的政治关系、合作、联盟、生存方式和外交契约充斥其中。尽管大多数时候我们并不了解多少其中的内容。

对动物景观和植物社会学的关注，对细菌和根系联盟的关注，以及对所有这些交织在一起的生命的想象，如此陌生却又如此亲密无间，揭示了另一种栖息于自然的方式，和自然成为一种未被探索的外交共同体。

最后，追踪的迷人之处在于，它将我们置于与原始的跟踪和采集相同的地位，对于相遇，我们只能期待，而不能强迫：这是一种将我们置于影响的形而上学中的做法，而不能被我们的意志左右，使相遇成为必然。追踪是相遇的必要不充分条件；因此相遇变成一个不同维度的事件。追踪恢复了一种罕见的内在状态：一种警觉的状态，一种漂浮的状态，一种对意外的爱的关注。

黎明时分，出发以求相遇，却不知道将遇到何人、何物。人生可能就是如此。

*
共同生活的艺术

如果我们像上文那样把追踪与捕食行为分离开来，追踪就变成了某种形式的关注。因此，我们可以质疑追踪对人类的基本用途的性质。这些用途并不主要集中于狩猎行为，尽管追踪在很大程度上起源于狩猎。在这个世界上，智人已经与丰富而无处不在的动物群体互动了几十万年，追踪似乎首先是一种地缘政治实践。在我看来，它远不止是捕食的一个阶段，而是一种在生态群落的人类居民中无处不在的实践，一种面向多元世界中共同生活的日常和首要问题的实践。它的基本问题是："谁住在这里？他们如何生活？他们如何在这个世界上安家？他的行为对我的生活有何影响？基于和谐共处，我们的摩擦点、可能的联系和需要制定的共处规则是什么？"

也许有人会问，从这个角度看，与人类之外的物种共享同一个世界这一基本政治问题会发生什么变化。如果说生物对领土的无形使用是一种习惯,那么在相互交织和叠加的栖息地中如何应对不同居住者的习惯,就成了政治问题。这就提出了什么是好习惯的问题。好的习惯应该是几种生命形式的习惯之间的共存、共同进化,其形式是一种客观联盟,即互惠互利。

我们在此探讨的正是跟踪的这一层面,将其作为当代自然实践。大规模破坏动物栖息地导致的生态破碎化不仅是大型基础设施项目建设的结果,它首先是由于我们对动植物栖息在我们认为已被接管的空间中的无形结构的无知造成的。

这就是迈克尔·罗森茨威格(Michael Rosenzweig)[5]的"和解生态学"项目的目标之一:通过对其他物种的无形需求保持敏感,通过它们的眼睛来观察,使我们居住的领土适合其他物种大规模居住。适合它们居住,换句话说,就是给予它们进化(变化和被选择)所需的空间和时间,使它们适应这个已被我们大规模改造过的世界,而这个世界的总体进程将不会倒退。

今天的追踪问题最终可能与漫长的更新世时期相似,那是一个人类与生物因竞争相互削弱的时代,是气候变化和环境变迁导致的。在这个世界上,与丰富的生命共存需要我们知道如何与之共处,哪些习惯不能打破,哪些习惯需要改变,哪些力量需要团结,哪些边界需要尊重:这就是生物界的外交和地缘政治。

但是，这种态度并不具有原始主义色彩：需要外交手段并不是因为我们回到了更新世，而是因为我们所处的被一些人称为人类世（在这里叫什么并不重要）的当代特殊性：我们所面对的新局面，在这个变得拥挤、错综复杂和相互联系的地球表面上，成为不同物种之间的新的共存形式。这是一个相互削弱的时代，在这个时代里，最野生的物种生活在我们中间，受到我们的活动、城市化和气候变化的影响，尽其所能地将这些变化融入它们的生活方式中，而我们却几乎无法控制这些变化。

我们所说的不是远离城市、深藏在森林深处的原始或未被开发的大自然，也不是被工业化和资本主义经济完全组织起来的人造自然。我们谈论的是与传统自然不同的东西：根本上由人类活动构成和改变的生命领地。但在那里，生物并没有失去它们作为生命体的重构的生命力，换句话说，并没有重新建立与其他物种、与人类的新关系，新行为，新的进化方向。无论我们从历史中继承了怎样的被破坏的遗产，这一点都是正确的。因此，新的交易可以归结为在人类的组织中进行追踪，或者，用罗安清（Anna Tsing）更简洁明了的末日论说法，在"资本主义的废墟"[6]中进行追踪。

有几次，我们沿着狼群的足迹，发现它们就在普罗旺斯的卡达拉什核聚变反应堆附近安营扎寨。这个位于凡尔登河（Verdon）和杜纳尔河（Durance）交汇处的法国原子能委员会（CEA）中心是复杂地缘政治历史的产物：它汇集了三十五个国家，包括欧盟国家以及印度、日本、中国、俄罗斯、韩国、美国和瑞士。正是在1985年11月的日内瓦峰会上，戈尔巴乔夫提议建立一个国际联盟，以建造新一代托卡马克反应堆。该项目的预算最近增加到了190亿欧元，该基地还设有一个秘密基地。至于狼的踪迹，它们沿着保护现场的铁丝网延伸，并由武装警卫进行监视。而就在这些羽扇豆小径的后面，反应堆——将太阳封闭在一个固定盒子里的庞然大物——在同样的景观中格外显眼。偶尔，野猪会在栅栏上捅个洞，动物们会很高兴地闯入这片人类禁区。为什么象征着野性的狼会坚守在这个核基地？是因为游客不愿意在这样的风景中进行周日徒步旅行，森林才变得更加安静吗？还是因为猎人们担心这里的鹿会有轻微的放射性，所以这里的野味更多了吗？这是一个谜，但狼群就在那里，就在核设施旁边，就在核设施造成的空隙中。有一年夏天，一个相机陷阱甚至拍到了狼群产下一窝五只精力充沛的小狼的事实。你可以看到它们在通往卡达拉什设施的土路上玩耍。看来，在核聚变反应堆的阴影下也能茁壮成长。

我们在当代世界追踪的，绝不是"外面"自然世界中遥远的生物，而是我们的历史与它们的历史交织在一起，是生物的混乱，是生态系统的隐名，只要我们恢复生态系统的偶然历史性,这种偶然历史性是由不可预见的遭遇构成的。在"单调、重复的自然界"中活动的不是独立的生物个体,而是与我们人类和动物本身共存的生物。欧亚鵟(Buteo buteo)与高速公路建立了奇特的互惠关系,它们以路边的尸体为食,并在维持高速公路流畅的交通功能方面发挥着作用。从我们的追踪行为中可以看到人类活动的环境历史和生物的反应。现代山雀揭示了新的线索:它们积极寻找烟头来筑巢,因为尼古丁是一种强大的抗寄生虫物质,可以保护鸟蛋[7]。它们在共同的困境中创造了新的生命形式,扭转了我们自己变革和退化的历史。在生态沼泽中蜿蜒前行,并非一个很直接的方式,也不是追踪者的专利。

作为行动研究项目的一部分,我最近花了几个晚上在法国南部跟踪观察一群狼的夜间生活。我静静地站在高原中央的一个岬角上,将热像仪对准夜色,捕捉景物中躯体之间的热差,并在取景器中以对比的方式再现。于是,狼的身影在空旷的林地中浮现出来,它们嬉戏玩耍,重复着其存在的仪式,即去狩猎或巡视领地。不过,这种体验让人不舒服的是,这台相机是禁止销售的军用物品:所谓的"敏感"战争装备。它是专为军队边防哨所设计的,其目的之一是侦查想要非法入境的移民。即使目的不尽相同,用监视移民的摄像机来观察狼群也会让人疑惑。这个技术设备具体化了我们与生活在我们身边的他者之间关系的共同点。我们在一个军营里观察这些动物：当直升机在头顶飞过，炮弹在远处爆炸时，我们意外地发现四只小狼在废弃的坦克里玩耍。一天晚上，狼群的嚎叫声与机枪的扫射声叠加在一起。在坦克和羊群之间，也就是在人类的技术和人类饲养的畜群之间，狼群安顿下来并接管了一切。从根本上说，它们学会了在这些环境中生活，并改变这些环境。这些环境承袭了漫长而复杂的过去，承袭了过去的废墟，在这些废墟中，重新缔造出新的生命形式和关系。

在当今世界，追踪并不是一种惬意的体验：它是一种模棱两可的体验，源于我们对盲目的经济活动所引发的共同生活危机的敏锐认识，源于我们操控其他生物的传统，源于我们在一个已发生变化的世界中重新激活联盟的愿望，源于我们发明更适合所有人生活的生存方式——也源于我们对冲破一切限制重新掌控一切的冲动。

第五章　蚯蚓的宇宙论

我们可以深入安大略省的森林或吉尔吉斯斯坦的大草原，以促进学习一种更富含哲学意义的追踪方式，通过远距离凝视激活其他的观察方式——但这不过是回家的一条可能的绕道。

生物的繁荣或衰退就在我们身边，与我们息息相关，根本不需要前往异域或变得如同印第安人一般来进行追踪，也就是说，不必通过这些途径去感受那交织在一起的多样化生活方式，因为它们和我们一起组成了共同的世界。追踪实践所教给我们的专注和精准，使我们从双重意义上回到故乡。

第一点，也是最具哲学意味的一点，这个曾被描述给我们的世界，是一个无声而寒冷、暴力且空虚、由荒诞或丛林法则统治的世界，它被孤立存在的人类文明主体的微弱的光芒照亮，只不过是精神的建构，是一个无法居住的世界。当我们踏上征途时，我们几乎是在不知不觉中重构了一个更加惊险、更加好客的世界。惊险是因为它重新充满了无数种迷人的生命形式，我们必须重新与它们协商共同生活的方式。这个世界对外交的要求更高，却更受欢迎，因为构成它的各种关系没有被否认或撕裂，现代世界的宇宙孤独在这里并不存在——因为我们被所有其他生物、河流、细菌、植物、动物、昆虫、海洋、荒地和森林包围，它们从内部构成了我们。从这个意义上说，追踪最终是一种回归故乡的艺术。

如果我们对比审视另一种建立家园的方式，即"文明化的"荒野，就会明白这一点。这是殖民史上一个有趣的话题：来自不同背景（通常是城市背景）的定居者认为，只有在非常特殊的条件下，新的野生领地才能被开化。所谓"被开化"，是指初来乍到之人可以在对此地其他生命在种类学和生态学意义上一无所知的情况下，不用保持警惕，也不用对环境进行全方位的了解，就能在那里生活。如果我不面对任何风险，甚至不需要对一个空间内部有所了解，那么这个空间就是可以被开化的。要做到这一点，你必须清除所有奇怪的生物，例如蜘蛛、蚊子、野生动物、细菌等。如果你不懂得与它们的相处之道，它们就会变得危险。从某种意义上说，这就是定居者在"野外"驯化或建立家园的意义所在。但是，在同一片土地上，土著人是"自在的"，甚至不必有计划地摧毁或控制一切出格之物，也不必遵循我们的生活规则，而比我们更加自在。如果认为土著人的土地对土著人来说是野蛮且充满敌意的，那就太荒谬了。当然，我们和土著人都在改造环境，使其更适合居住，但是"开化"的工具却有所不同。

将一个野生的地方开化，使其宜居，可能是城市殖民者的概念，因为当地人早已安居其中，毫无困扰：他们建立了一种特有的舒适形式，其特点是只需最低限度的警觉，即对意外专注而分散的开放态度，以及对共居生物的生态行为学的了解。然而，"文明人"则想在完全的宇宙中孤独地生活，不愿对已被清空存在的环境保持警惕，也不愿去了解它，更不想与他视为低等的动物、植物、生态系统或大气力量进行协商。

通过一种奇怪的对称性，他体验到了从环境的束缚中解放出来的感觉，而对于来自多物种综合环境中的土著民来说，这很可能是在一个死寂世界中的异化（还记得黑泽明电影《德尔苏·乌扎拉》[*Dersou Ouzala*]的最后一幕吗？在这部电影中，一个森林中的老人，习惯于和火堆或者是森林中的生物交谈。他孤独地坐在一间空荡荡的混凝土房间里，凝视着空洞的壁炉）。

北太平洋地区的德纳伊纳印第安人讲过一个故事，故事建议在森林中迷路的人呼唤狼来帮他找到回家的路。就《彼得与狼》和《小红帽》而言，这是对"迷失森林"神话主题的彻头彻尾的逆转：此之危险，彼之救赎。因为这里的"回家"方式与生活在充满其他强大生命形式的世界中的方式并不相同。

这种差异就在于那种最低限度的警觉，即那种对外界流动的潜在开放态度，受到那些居住在充满生命的领土上的人的珍视，他们熟悉这些领土，认为与那些不可化约的，甚至有时令人不安的异质生命的亲密接触并不是一种诅咒，而是安宁的家的象征，是归宿的象征。这就是所谓真实生活的名字，仿佛被世界编织并深深嵌入其中。

因此，将一个环境"开化"并不意味着任何一种"在某地安居"的态度，而是相信要想在某地安家，必须能够忽视、蔑视，让其他生命形式和生态条件变得依附于人类并加以引导。为了真正拥有家园，必须将人类的居所从生物共同体中剥离出来，并将现实的环境视为一种必须摆脱的束缚。这个过程中，环境的地位被剥夺了，它不再是赋予生命的互依体系，而是被简化为束缚人类的条件，而这种环境本身就是通过交织的联系而赋予自由的。

然而，确实也有其他方式可以让环境成为家园。恰恰相反，对采用这种方式的人来说，对生命形式多样性的警惕，这种与一旦被忽视就变得危险的他者之间无休止的外交，才是理想的生活形式。

追踪将我们带回家，因为追踪的过程中，猎豹的耐心、追踪者半眯着眼的警觉,以及他对隐秘事物丰富性的感知,如今可以自然地应用于那些不那么显眼却环绕在我们周围的生物上——即使是在更加城市化的世界中。例如,厨房里安装的蚯蚓堆肥箱成了一个引人入胜的对象。

这个蚯蚓堆肥箱是一种多层的盒子,蚯蚓与微生物之间的协作将厨房废弃物中的有机物质分解,并转化为肥料。蚯蚓那异国风情般的习性、它们奇特的生命形式,以及我们在公寓中与它们建立的全新类型的共生关系,通过这种我们称之为"尝试回归森林"的故事,变得异常有趣。与蚯蚓堆肥箱的共处已不仅仅是一个小小的环保行为。蚯蚓被追踪的视角逻辑捕获,我们不得不承认,与它们的这种实际互动要求我们具备某种"泛灵论"的意识:正如在美洲原住民的宇宙观中,猎豹将血液视为小麦啤酒,蚯蚓也把我们视为垃圾的东西视为盛宴。蚯蚓堆肥箱迫使我们成为一点点的"视角主义者":要照顾好它,就必须尊重其中居民的怪异需求,避免散发腐烂气味——恰恰是蚯蚓防止了这种腐烂。它们的奇特生命形式,例如通过皮肤呼吸,就是一种我们必须掌握的多视角知识:任何油性液体都会阻止它们呼吸。与蚯蚓的共处需要我们了解这些微妙的生命方式,并在互动中追踪和体察它们的生活方式。

在现代生活中,我们习惯将厨房废弃物视为无法再利用的物质，这反映了一种西方的习惯性思维，即相信所有其他生物中的生命能量都应该流向我们，而未被食用的残渣注定要腐烂。这种做法隐含一种形而上学观念，类似我们与熊相遇时所接触的那种观念：人类从生态生命共同体中自我抽离，站在食物链的顶端，注定要汲取所有资源而不向其他生命形式归还任何东西。然而，蚯蚓堆肥箱表面看似平凡，却是一个形而上的装置，一台厨房规模的地形改造机器。它是一个具有宇宙论意义的塑料盒，因为它让生命能量以生物质的形式流动：我不再是生物能量的最终"死胡同"，不再是唯一、专属的生命物质接收者。相反，我的一部分能量被还给了其他能够代谢它的生命，这些生命的繁荣会产生肥料和"黑金"（富含分解食物营养的蚯蚓茶），它将滋养永续农业的菜园，助力其中多样的昆虫和动物生态系统。这种循环打破了我们与生命共同体的隔离，重建了与生物世界的连接。

蚯蚓堆肥箱里藏着萨满。为了一窥究竟，我们需要对西伯利亚的萨满教有一个简单了解。根据人类学家罗伯特·哈玛永给出的定义，肉体循环的宇宙观是萨满教独有的。"猎人作为获得者的交换系统确保了肉体在不同世界之间的循环：首先是猎物的生肉，猎物被杀后按仪式还原为供养人类的肉食；在循环结尾，死去猎人的肉身回到（超）自然中。"[1]

在传统萨满教中，有一系列做法确保从森林中获取的能量回归森林。猎人通过打猎从森林中获取能量，而在猎人死亡后，将他的遗体献祭给食腐动物，能量也随之归于森林。猎人的生病和衰老象征着森林精灵对肉体的吞噬。这确保了人类和其他生物的繁衍生息。这些都是象征性的或实际的互惠做法，反映了另一种宇宙观，另一种与生命体的关系方式：一种不将人类从自然中分离出来的宇宙观，旨在维持生命体之间的交换，以确保所有生物的繁荣与和谐。

即便不采用西伯利亚萨满教特有的狩猎生活方式（这显然是不合适的），我们仍然可以在当下想象一些放弃将我们自身定位为生命能量二极管的宇宙观，即不是将我们设定为单向接收生命能量的存在——只从自然界吸收而从不回馈给其他生物。这些宇宙观放弃了将我们视作超然的生命体，定位于食物链的顶端，占有生态动态产生的所有能量流，并对那些我们不摄取的部分任其腐烂。然而，蚯蚓堆肥箱，尽管乍一看可能显得荒谬，却是一个萨满教式的物件。一个简单的思想实验就能证明。蚯蚓及其相关的细菌群落会享受你的头发和指甲。尽管这种想法初看令人反感，这是因为我们已经深深植入了那种形而上学的观念，它将我们置于食物链的顶端，成为不可被食用的食者。这正是薇尔·普鲁姆德所揭示的哲学建构：它已经深入我们的本能。头发和指甲是由我们的身体通过摄入的能量生成的活体物质，我们可以将这些物质回馈给蚯蚓，而蚯蚓会将其转化为肥料，供给菜园或生态农园中的生命群落，这些群落的果实甚至会滋养路过的鸟类。就这样，肉体与太阳的循环得以延续。

通过这种活生生的、积极的视角联系，即使在微观尺度上，也能将被阻断的循环重新编织起来。

由于凭空创造出完整的宇宙观非常困难，我们不如从触手可及的事物开始：从实践出发，观察这些实践如何自身展开，并在它们周围塑造出另一个世界——通过摸索、逐步尝试，从蚯蚓堆肥箱中慢慢引发出新的、可以栖居的、最终可持续的宇宙观。

通过这些奇特的形式，我们重构了一种能量在生物群落中循环的宇宙观，与那种将生命视为现成的死物资源的宇宙观相对立。在这种后者的宇宙观中，残余物被当作简单的废料抛弃，而它们实际上对其他生命来说是潜在的资源——前提是互惠的循环能够被重建、发明或想象。这不是一种象征（象征无法滋养你的菜园和其共生者）。这也不是一场革命，而是一个微观的装置，帮助我们在另一张地图上前进，悄然改变世界背景地图，不发出声响地重新配置我们的视野与行动，逐渐扩展到一切对我们重要的事物。

根据我的伴侣所说，与蚯蚓堆肥箱这奇特的联盟有时会产生一种奇异的感觉，仿佛蚯蚓在守护着我们的共同生命力。当我们为几天没喂养它们而感到愧疚时，这往往意味着我们自己也没有好好摄入新鲜的食物，忽视了蔬菜的摄取。当我们吃得不好时，它们也吃得少。互惠的循环在各个层面无处不在，就像那些看似不可能的共同原因一样。

还有其他一些做法会产生类似效果。所有这些都是以外交的方式处理与生物的关系。在城市或其他地方的野外采集就是这样一种实践：当我们在采集的过程中学习回馈，譬如通过鼓励采集植物的散播来想象互惠关系，它就会重构出一种类似的宇宙观，即生命物质的水平循环——这是太阳能通过生态系统的巨大动力转化为生物质的过程。

在一首苏族歌曲中，歌手讲述了自己变成熊的故事。[2] 他看到自己在草原上前进，脚变成了熊掌，歌中唱道：

> 我的爪子是神圣的
> 上面布满草药
> 我的爪子
> 上面布满草药

> 我的爪子是神圣的
>
> 一切都是神圣的
>
> 我的爪子
>
> 一切都很神圣

草药是指我们在森林、混凝土缝隙和草地上随处可见的野生药用植物、芳香植物或营养植物。研究人员在西德伦（El Sidrón）发现了一具年轻尼安德特人的遗骸，他死于大约五万年前，其牙垢显示他咀嚼过杨树芽，而生物学家最近才发现这种植物具有镇痛和抗炎的特性。仔细想想，与我们共同进化的野生植物竟然含有能缓解我们的痛苦、治愈我们的疾病、让我们快乐和维持我们生命的物质。这些植物既没有被我们栽培，也没有经过选择性育种，但它们天然存在。当我们知道如何发现和利用它们时，它们早在30万年前就自发成为人类触手可及的药材，源源不绝地提供给我们。它们的起源一直慷慨而神秘[3]。在一个"处处都是草药"的世界里，"万物皆神圣"的说法并不荒谬。就像歌里唱的，这样的现象体现了一种截然不同的宇宙观：自然界首先并不是一个荒凉野蛮的、需要我们辛劳开化的蛮荒世界，也不是一个我们触手可及的都是惰性物质的荒诞宇宙；自然界首先是一个馈赠的环境，是生态演化为所有生物提供的惊人资源。它是一个无法据为己有的家园，因为家园本身不仅仅是由惰性物质构成的栖息地：我们栖居于此，是栖息在其他生命体之间那亲密交织的网络中。

这些无声的宇宙观通过富有想象力的实践逐渐重建，并对我们继承的这个充满死气沉沉经验的世界具有实际的侵蚀力量。这种力量至少能够在个人层面上产生转变，影响我们的生活方式，以及我们对所珍视之物的投入形式——那些值得构建我们身份的事物，以及那些我们深知会摧毁我们的事物。这种转变不仅是内心的觉醒，还能引导我们重新定义与世界和自然的关系，使我们更清楚地认知什么在促进我们的成长，什么在对我们构成威胁。

这种"外交艺术"是一种将实践编织成故事的艺术，是一种坚决在世界的坚硬现实中、在那些扩展的领域中工作的意图：那些不属于任何人的优秀技术和良好理念，那些悄然改变体验的装置，都带有新的宇宙观，就像为护身符注入魔力一样。这是一种对琐碎事物的祈祷，一种通过实践来破除它们微不足道的赌注。这些实践所吸纳的不同的本体论地图具有其独特的力量，能够在不显眼的地方推动深远的变化。这种艺术不仅是对既有规则的简单延续，而是对生活方式及其意义的重新塑造。

所有这些实践，以及其他千百种实践，都始于对其他生存方式的高度敏感，始于一种宁静的万物有灵论，这种万物有灵论采取假设的形式进行工作，并不神秘晦涩：其他生物不是事物，它们是行动和痛苦的中心，它们是交织在一起的观点，并按照自己的标准作用于世界，它们是双面的存在，在最起码的意义上，它们有类似于内部的东西，它们有自己的利益——即使它们的内部和利益不能按照与我们相同的模式来思考。在这里，"内部"仅仅意味着不是一个物体，而是一个中心，它将周围的世界配置成自己的生活环境。而它们作为行动中心，它们的视角，它们的内心，都是不可见的。我们注定看不到它们，就像我们看不到我们所爱的人的内心感受一样。但任何事物的存在都会留下痕迹，这是追踪者的奥秘，是追踪者的秘密法则。看不见的东西会留下看得见的痕迹。其他生物无法触及的内部——保持土壤活力的狼、细菌和真菌，互相沟通的树木，授粉的蜜蜂——都会通过它们留下的可见线索，通过所发生的一切显露出来。除了无形之物的安静状态之外，这些现象别无其他解释。被追踪的正是这些蛛丝马迹。追踪只是一个简单的名词，意为关注其他生命形式不可见内部的可见痕迹，关注它们的生存方式，无论它们是蚯蚓、草药还是豹子。

通过培养追踪的态度，即对其他生命体发送信号的艺术保持高度开放，我们能够体验到另一种生命体验——周围的一切都像一个无所不在的共同体，我们需要了解它们的习性才能与它共存并依赖它生活。这种体验带来一种无法解释的完整感。相比之下，我们或许可以质疑，帕斯卡尔所描述的"消遣"是否为一种逃避策略，不是为了首先忘却我们自己的死亡，而是为了填补这种生命缺失的空虚。"这些无限空间的永恒沉默令我恐惧"[4]，帕斯卡尔这样说，表达了现代人宇宙孤独感的原型——但为什么所有关于原住民的民族志从未提及这种世界的沉默和宇宙孤独的焦虑，而对帕斯卡尔来说，这却是人类的普遍处境呢？

帕斯卡尔清楚地看到这一现象，但他的诊断也许是错误的：我们需要"转移"的，不是我们的死亡，也不是在一个静默的宇宙中的荒谬感，而是一个活生生的世界的沉默，它已转化为我们触手可及的静默事物和资源的储备。无限宇宙的寂静并不是人类的基本状况，而是与我们的生态群落失去联系的延迟效果，这种影响可能始于新石器时代，然后被现代性折射并加倍。生命世界并不沉默，它充斥着各种符号，总是在唱着复杂的歌曲，需要我们去解读。也许正是帕斯卡尔生活的城市特征和新生的自然主义本体论，使得生物群落与空间（植根于城市）、本体论（拒绝承认非人类的任何事物在本体论上的一致性）和技术（现代人普遍将生命工具化）观点拉开距离，才有可能幻想寂静，创造出震耳欲聋的无限空间的寂静。因为对于那些想要倾听或懂得倾听的人来说，篱笆后面，荒地里，窗前，并不是寂静无声的。

我们可以说，我们在宇宙中的孤独感与我们在森林中的盲目性成正比：如果说森林，甚至除了购物中心之外所有有生命出没的地方，都已成为浪漫主义诗人所吟唱的形而上学孤独危机的优越场所，那是因为我们盲目地在森林中漫步。也许正是因为我们不再真正懂得如何辨别和解读生命的痕迹和迹象，我们才会在森林中，甚至在世界上更遥远的地方，产生深深的孤独感。换句话说，不是生命世界哑了，而是我们不再能听到或读懂它。世界不再是一个意义网络，人类无法像在家里那样在其中确定自己的方向。它是一个静物，一个被剥离了生态学、伦理学和进化论意义和奥秘的美学景观，一张形而上学焦虑的白纸。

野生莴苣是一种迷人的植物：它的叶子平面指示着南北。它就像一个活的指南针，向任何认识它的迷路旅行者指明大方向。它们转动叶片的方向避免被太阳晒伤。如果你能在城市的荒地上寻找到它，如果你能在路边解读普通秃鹰和高速公路之间奇特的共生关系（秃鹰清洁高速公路，高速公路为秃鹰提供食物），如果你对在茂密的灌木丛中开辟了一条救命的道路的鹿心存感恩，或者如果你知道如何在阳台上创造快乐的植物联盟，那么宇宙中可能就没有所谓的孤独了。

我们只能通过改变我们的实践来改变形而上学。从那时起,追踪等实践活动就有了另一个维度:在生命世界中重新获得一个微妙的位置;阅读、给予和交换信号;理解和接受生物在与人类关系中的丰富创造力。这是在建构一个比我们已有宇宙观更可爱的宇宙观,一种或许是解放的感觉——作为一个生命体而活着。这个宇宙拥有丰富的内涵,与生命交织在一起。

第六章 追踪的起源

到目前为止，我们描述的是一种类似于临时拼凑的、不稳定的实践，但它经过发展，目的是改变我们认为过于贫乏的生命关系。这是从个人实践的层面上看的。如果我们将视角彻底扩展到更大范围，我们可以探讨"追踪"在历经数百万年的人类进化过程中所起的作用，它使我们成为今天的人类。我们在地质年代的尺度上研究追踪在人类这一奇特物种出现过程中的作用。人类学家路易斯·利本贝格提出了一个假设，即追踪活动可能在人的思维发展中起到关键作用，特别是在"探究"这一思维形式的出现过程中。他提出，一些最独特的智力能力可能正是受到进化过程中追踪猎物这一活动的选择压力所产生的结果。

讲述这个故事时我们要记住，作为一个物种，智人（Homo sapiens）是与其在进化轨迹上接触过的物种共同进化的复杂产物，跨越了不同的生态系统。每一个物种的历史都是一部独特的戏剧。海豚、白蚁或者狼等物种的进化轨迹具有绝对的单一性。智人的发展轨迹究竟有什么奇特之处，使其成为我们如此感兴趣的物种？这里的核心观点是，人类进化的决定性现象之一在于两百多万年前，非洲森林生态系统中某种以果食为主的灵长类动物，转变为热带草原生态系统中以肉食为主的杂食动物。这种历史性的转变——食果类灵长类动物变成肉食动物——是人类物种的独特性之一。这或许能比通过与其他灵长类动物的动物学比较，让我们更敏锐地理解自身一些独特之处，因为那种比较过于强调我们与灵长类表亲之间的系统发育亲缘关系。

*

智能的进化

在对卡拉哈里沙漠的布须曼猎人—采集者的追踪实践进行田野调查时，路易·利本贝格提出了追踪在人类某些认知能力形成中作用的假设。在这里，我希望对这个假设进行重新表述、修正，并丰富其中的新视角。

大量数据表明，早在大约 190 万年前出现的直立人（Homo erectus）时期，智人属就已经在积极进行狩猎。许多使用工具的痕迹——例如，在动物尸体上的肉被处理的痕迹——表明这些部位若不是被我们祖先优先获取，可能早已被其他动物食用,这几乎消除了"智人仅仅靠拾荒生存"的疑虑。那么,这些狩猎是如何进行的呢?

当我们想象我们的古人类祖先的主动捕猎行为时,往往会不假思索地认为他们可能用石头或用火烧硬的钉子捕捉大型猎物。然而,考虑到大型蹄类动物的运动能力和防御能力,这种假设是不太可能的。弓和箭的出现要晚得多:可能是在智人出现之后(已发现的最古老的弓可追溯到6.4万年前和7.1万年前)。长矛的有效投掷距离也仅仅在十米左右。在投矛器和弓发明之前,考虑到猎物的警惕性,智人不太可能接近大型蹄类动物并杀死它们。

由此我们可以推测,持续狩猎曾经是智人们采取时间最长且最普遍的的狩猎方式。现今当下,我们仍然能在一些以采集—狩猎为生的族群中观察到持续狩猎的技术,特别是在卡拉哈里沙漠的布须曼人中。这种狩猎方法是寻找蹄类动物新留下的足迹,然后沿着这些足迹追逐动物,当动物感觉到或听到有追踪者沿着它们的足迹而来时,就会持续移动,持续数小时,直到动物因自身的高热,即肌肉活动产生的热量,而无法动弹。这时,它就只能任由猎人摆布了。事实上,大草原上的大型有蹄类动物调节体热的机制针对长时间运动不如人类的有效。又如大型猫科动物,它们的体温调节在冲刺时更为有效。因此,只有让动物体温升高到无法继续逃跑的程度，猎人才能接近并捕获它。狩猎通常持续 8 小时，少数情况下甚至长达 12 小时。猎物最终被长矛穿透心脏而死。[1]

这一假说认为，持久狩猎是一种非常古老和可持续的做法，而智人属最引人注目的特殊表型之一则强化了这一假说：智人逐渐褪去毛发，成为"裸猿"。这可以被解释为，为了适应这种狩猎方式特需的耐力竞赛，要求智人通过出汗调节体温：裸露的皮肤可以比被追踪的猎物的皮毛更有效地排出热量，当猎物受困于自身的体温时，智人在经过数小时的追逐活动后仍能保持活力。

持久奔跑的能力似乎仍然能在智人的表型中被观察到：有助于平衡、速度以及优化摆臂运动的生物力学适应性便是其中的证据。当智人的祖先开始转向以肉食为主的饮食时，选择压力强化了他们快速和持久移动的能力，塑造了体表无毛双足行走和奔跑这一独特的生理特征。如果这些数十万年的选择压力在我们的身体上仍能看到痕迹，我们也可以假设，这些选择压力同样在我们的思维中留下了痕迹，并且像体表无毛一样成为我们特征的一部分。

因为要完成这种狩猎，当然需要长时间奔跑的能力；但更重要的是，必须朝着正确的方向奔跑。被追逐的动物通常不在猎人的视线内，猎人所能看到的只有动物留下的痕迹。因此，除了体表无毛和奔跑的身体，自然选择也必然作用于追踪能力，确保猎人不会失去猎物的踪迹。

接下来的推理是将一种特定的获取食物的技术——持久狩猎——与其所要求的认知能力及其在人类进化过程中的作用关联起来。长期追踪所需的智力技能（如利本贝格所定义的系统追踪和推测追踪）在我们的祖先中通过进化得以选择，那么这些智力能力如何成为我们思维艺术的前兆呢？

*
看到不在场者

我想首先探讨在利本贝格的思考之前更早发生的事情，即那个进化事件——它促使某种以果实为食的灵长类动物开始追踪猎物这一生存行为。

没有理由将我们的智力仅仅与其他灵长类动物进行比较，因为它们并非像直立人（或匠人）那样的猎人和追踪者，而直立人在大约两百万年间可能正是如此。因此，问题的核心在于：我们是从果食动物转变为肉食追踪者，也就是说，我们是依赖视觉的生物，却被迫去寻找看不见的东西。我们的认知身份作为思考中的生命体，源于一种生态—进化的结合：它将我们作为一种生命形式的社会性果食灵长类的过去（表现为弱嗅觉、强视觉，以及对他人意图敏锐的心智理论）与新的生态条件结合起来，而这些条件带来新的选择压力：在热带草原上双足行走，趋向肉食的杂食生活，这种生活需要追踪。这正是我们这个复杂组合动物——人类——的心智能力的关键。

要想在没有嗅觉的情况下找到看不见的东西，解决的办法就是唤醒我们的"心灵之眼"，它能看到看不见的东西。我们与新猎物的共同进化将导致原始认知能力的发展。因此，构成进化核心事件的并不是肉食性，尽管它在蛋白质摄入方面发挥作用，而蛋白质对滋养一个大容量的大脑很可能必不可少；狩猎也不是为了捕食和吞食，尽管它在表型和生态层面上发挥了作用。构成进化核心事件的是追踪。

其他捕食者如何接近它们的猎物呢？猛禽是依赖视觉的捕食者，但它们面临的狩猎问题与我们这些步行者截然不同：空中的广阔视野使得进化的最佳解决方案是选择一种极为敏锐的视力，因为从高空俯视的角度能够让它们从很远的距离就看到猎物，并用眼睛追踪猎物。

让我们转向陆地食肉动物的生活条件（例如，狼或豹）。这些动物大多天生拥有强大的嗅觉和精细的辨别能力。狼在它的领地内游荡，不知道猎物的确切位置，当它发现一条"踪迹"时就会追踪，直到找到猎物（我们称其为"追踪动物的足迹"）。它通过踪迹找到猎物的能力，直接受到选择压力的影响。踪迹由视觉和嗅觉的刺激组成。对于依赖嗅觉的猎人来说，嗅觉刺激本身就会通过神经触发对动物的识别。而且，仅凭气味，它就能判断猎物前进的方向：气味最强的方向就是猎物所去的方向。我们追踪面包店时，通过街道中面包香气找到店铺的日常经验，表明嗅觉追踪所需的认知抽象操作很少。与此类似，北方猞猁在雪地里追踪雪兔时，遇到气味消散的踪迹时，往往会有一半的机会判断错方向，因为当没有气味标志时，它很难仅凭视觉读懂踪迹的方向。

然而，我们成了陆地上的肉食动物，却没有强大的嗅觉（因为水果和树叶不需要嗅觉去捕捉，它们不会逃跑）；我们的视力强大，但我们仍然被限制在地面上：像猛禽那样的视觉也不足以穿透森林的遮蔽或地球的曲面。假设是这样的：智人的独特认知能力源自这样一个关键问题——在没有适合此任务的感官适应能力时，如何追踪食物？选择压力逐渐优化了适应性的解决方案。因为我们是从果食动物转变为追踪者的物种，我们的视觉能力必须由"内心之眼"的能力来补充。

人类从根本上说是视觉捕食者，正是人类自身的视觉形式与作为猎物的蹄类动物之间的关系，决定了他对追踪的依赖，也就是获取食物的方式，这贯穿了人类历史的很大一部分。蹄类动物的视力有足够的穿透力来追踪踪迹，但又不至于太犀利或过于突出，以至于只能靠视觉来捕食。

正是这种人类的独特条件，即拥有良好的视力，但被限制在地面上，而不是像猛禽般拥有飞翔的眼睛或像狼一样拥有发达的嗅觉——为追踪形式提供了平台，这种追踪形式很可能是部分人类思维能力的起源。嗅觉薄弱、眼睛被束缚于地面、奔跑速度较慢：要捕获猎物，就必须在看不见它的情况下，长时间追踪它。这是人类视觉的力量与局限，这促使"心灵之眼"的觉醒，而心灵之眼的认知效应迄今为止是生命体进化出的最强大能力之一。相比之下，狼的感觉和运动模式截然不同。它的嗅觉极为发达。当狼看到有蹄类动物的足迹时，它看到了什么？这是一个非常难解的问题，观点各不相同。它能解读出足迹的来源吗？也就是说，狼能在心中唤起猎物的形象吗，足迹作为一个既在又不在的符号？我认为问题应当是：狼是否需要这样做？有蹄类动物的蹄子分泌气味，狼通过气味比通过足迹更清晰地"看到"猎物，而不需要像人类一样通过神经的触发在脑海中点燃一个心理形象。事实上，强烈的气味对我们这些嗅觉微弱的人也会产生类似的唤起效果。因此，我们可以假设，狼更倾向于跟随气味踪迹，不是因为它的眼睛无法胜任，而是因为气味踪迹对它而言更生动。正因为气味踪迹对人类来说缺乏生动的唤起能力，人类才不得不提升对仅存在于沙中的"死"足迹的符号性唤起力量，并因此通过解读活动创造出抽象的心理形象：某种类似原始符号的东西诞生了，它通过解读得出更多，而不仅仅是视觉所能感知的。

问题的关键在于，如果我们满足于通过气味辨认出动物，并跟随它前往气味最浓郁的地方，那么单单动物的足迹并不能唤起我们的任何联想：它必须被破译、解读和读取。由于没有灵敏的嗅觉，视觉被迫承担更多工作，这些工作与大脑相关。例如，眼睛首先必须根据足迹的不对称性来判断动物离开的方向。这已经是一种复杂的智力活动，之所以要这样做，是因为图像提供的直接信息比嗅觉少。

设想在沙地上的一个足迹：对于视觉捕猎者而言，足迹需要被"阅读"，被翻译，也就是说，它必须被解读为一个符号。捕猎者被迫去寻找足迹，这让他熟悉了符号的现象：一个在场的元素指向一个不在场的东西。这些能力构成了某些象征能力的前兆：必须学习如何阅读足迹，也就是如何解读它。那些曾在森林中弯腰观察有蹄类动物足迹的人，肯定记得自己曾学习如何从足迹的非对称形状中解码出动物的行进方向。这个"象形符号"中包含的信息量可能惊人：物种、年龄、性别、方向、健康状况、个体身份、情绪状态以及当前活动等。

在追踪过程中，我们见证了某些关键认知能力的潜在显现，这些能力围绕着"看见无形之物"的力量展开，比如，动物的目的地或其过去的某段行为轨迹。例如，笔直的足迹表明动物正朝着一个特定的地点前进。当动物返回巢穴时，它的踪迹通常是直的；如果这条线遇到它自己早前留下的踪迹，就意味着接近了巢穴。因为动物在出发觅食时会四处游荡，但回巢时却非常清楚自己要去哪里。一个优秀的追踪者可以解读出捕食者的行动轨迹：它如何追猎、在炎热时休息、再吃一些肉，然后继续出发。

"根据某条踪迹，追踪者可以说：'狮子在这里休息，它听到了母狮的叫声，站起来小跑到沙丘上去听得更清楚，等待了一会儿，然后离开去寻找那只母狮。'基于这个假设，追踪者继续寻找踪迹，不久在两百步外发现了母狮的足迹，尿液的痕迹表明她正处于发情期。接着，追踪者发现了另一只雄狮的足迹，以及两只雄狮搏斗的痕迹。然后，其中一只雄狮逃跑，另一只雄狮则与母狮离开。可见的只有一只雄狮起身并小跑到沙丘上的足迹，它在沙子上留下了脚印。然而，这些足迹的形状和姿态表明它并没有在捕猎，因为它的步伐轻松，没有像捕猎时那样四肢贴地以保持隐蔽。如果它上了沙丘并停下来，那是为了倾听。随后，它的移动方式表明它是被一只母狮吸引了。"[2]

追踪的过程就是通过重建和推断动物活动的历史，展现出远比单纯的足迹所显示的内容更为丰富的信息，从而触及"无形之物"。追踪者因此能够"看见无形",从字面意义上来说,就像医生通过解读一系列体表症状,诊断出隐藏在内脏中的看不见的细菌一样。追踪者通过无形留下的微小可见痕迹进入无形的世界(因为世间万物皆会留下痕迹)。

追踪的实践手册明确指出:凭第一眼做出的识别往往是错误的[3];一个优秀的追踪者必须将他发现的痕迹放在心里,并将其与其他痕迹进行关联和批判性分析,才能最终确定猎物的身份。因此,追踪需要系统性的调查,并在得到足够的证据确认之前,推迟下判断。

追踪者解释说:"我们不能过于草率地看待踪迹,因为这将导致我们看待它们的方式与它们本来的样子不同。他强调必须仔细研究足迹,并在做出决定前认真思考。"[4]

实际上,在野外,当我们弯腰观察泥土或雪中的足迹时,常常发现根本无法解读或破译。很多次我们判断错误,而后续的踪迹证明了这一点。我们不得不学会接受不确定性,学会保持在疑问之中。要学会抵制为了摆脱"无知"的不适感而急于得出结论的冲动。学会不断重复"我不知道"是困难的;尽管面对一个足迹时,这往往是最明智的回应。然而,最终这种做法会让人感到解脱,尤其是当我们通过人类学家娜斯塔夏·马丁(Nastassja Martin)的研究了解到,北美洲原住民的追踪者,尤其是大北极地区的圭齐因人(Gwich'in),他们习惯于平静地说："这是一头狼，或者是其他什么东西，或者也不是。"[5]

追踪者的言辞中反复提到一个观点，那就是在决定识别之前必须思考并耐心等待。在野外工作时，判断的悬置是必不可少的，这是追踪活动特有的一部分。因此，我们不禁要问：如果追踪是人类认知形式的奠基性活动之一，而这种悬置判断是必要的，那么它对日常认知任务产生了什么影响呢？

我们可以假设，判断的悬置是人类智慧的标志之一，它的起源或许与此有关。可见与不可见之间的关系是人类认知中的关键问题，它要求我们悬置判断。存在与缺席的关系是追踪中的问题，也是我们在给他人归因时面临的挑战——从可见的行为推断出不可见的意图，或者从足迹重构过去的行动。这两种生活条件（追踪动物和社会性动物）似乎都对我们的选择压力施加了影响，要求我们具备从可见片段中重新构建不可见联系的能力。这是一种特定的认知问题，很可能促成了人类的形成。

追踪有两种类型[6]。一种是系统追踪，即逐一追踪动物的足迹。这种追踪方式要求已经具备解读和诠释足迹的能力，并能够悬置判断。系统追踪在短距离内是有效的，但正如我们所了解的，智人已经成为耐力猎手，进行持久狩猎。在长距离追踪中，跟丢猎物的情况时有发生（如遇到岩石地面、河流、动物路径交汇处等），此时便需要进行另一种追踪，即推测追踪。

从这个角度来看，进化不仅塑造了我们进行系统追踪的能力，还发展了我们进行推测追踪的能力："为了重构动物的活动，追踪者首先会收集实证证据，这些证据以足迹和其他迹象的形式存在。推测追踪涉及基于初步解读这些迹象以及对动物行为和地形的了解来构建一个工作假设。追踪者心中带着这个关于动物活动的假设性重构，去寻找他们认为可能存在的迹象。重点首先放在推测上，而观察迹象只是为了确认或推翻预设。当预设得到确认时，假设性的重构就会得到加强。如果预设被证明不正确，追踪者必须修正他们的工作假设并考虑其他可能的解释[7]。"

追踪者会根据正面和负面的反馈构建出各种可能性。在这里我们可以理解，利本贝格为何会认为追踪可以被视为科学的某种起源。但"科学"这个概念过于模糊。虽然他并没有明确区分，但显然这里所指的并不是历史上形成的具体知识体系，而是另一种东西：是某种特定认知能力的体现，这种能力源于一种被称为"理性"的特定探究形式，以及这些认知能力在方法上的系统运用。

我与利本贝格的假设相呼应的是：人类从认知的角度出现并发展出这些能力，是因为他们在生态上适应了一种特定的生态位，在这种生态位中，觅食要求以特定的方式进行推测。这要求一种探究过程,它结合了人类逻辑中的三种基本推理方式:溯因推理(假设的提出)、演绎推理和归纳推理。

推测追踪的第一项能力确实是提出假设并加以验证。推测追踪的核心在于为感官无法直接获取的东西,即无形的事物,构建一个工作假设。这就是溯因推理。接着,从假设中推导出如果假设为真,应该在可见的、实证的世界中观察到什么。最后,在实际环境中寻找这些证据来反复验证假设,以便形成可以推广的知识。而这一过程——逻辑中的三大基本推理方式(溯因推理、演绎推理、归纳推理)的结合——正好与实用主义逻辑学家查尔斯·桑德斯·皮尔斯(Charles Sanders Peirce)所称的"科学方法"或"探究方法"相吻合[8]。耐力狩猎作为哺乳动物的一种觅食形式,恰恰需要这些认知能力,它们构成了探究的起源。探究在此应理解为实用主义意义上的过程,即通过系统的推理顺序寻找可靠的信念。

有关追踪中数千年来的选择压力在某些人类认知能力(尤其是逻辑层面)的产生或导向上所起的作用,值得进行系统的研究。认识论学者伊恩·哈金假设,尽管科学推理方式有其历史性,但逻辑能力本身可以追溯到史前时代[9]。例如,反证法似乎在追踪中发挥决定作用:"能够辨别没有任何踪迹的时刻同样重要。在坚硬的地面上,追踪者必须能够判断,如果动物真的经过这里,它是否会留下痕迹。这很关键，因为追踪者必须知道何时已经失去目标的踪迹。假设动物可能走了两条不同的路线。如果追踪者看到应该有痕迹的地方却没有痕迹，那么就很可能是动物选择了另一条路线。"[10]

在利本贝格看来，我们正在见证人类思维某些方面的进化史的诞生：只要追踪所需的认知能力模版受到选择的压力就足够了。这些能力就是人类的探索在进化和适应的过程中，形成抽象而鲜活的形式的基础模版。

追踪作为一种狩猎灵长类的生态条件，可能成为某些推理方式（如反证法）的"教学环境"，这是我们这个灵长类特有的优雅认知能力。通过外在化的足迹作为抽象推理的载体，以及某些灵长类每天面对此类逻辑问题的经验（例如，"这里应该有痕迹，因为泥土松软，但没有痕迹，所以……"），这些条件可能在掌握这类推理方式中起到促进作用。毕竟，学习通过外在化的视觉支持物（如足迹）来进行反证推理，可能比仅凭抽象的逻辑命题更容易。

通过利本贝格的研究，我们见证了人类思维某些方面的进化史：只要有一种选择压力作用于追踪所需的认知能力矩阵，这些能力便可成为一种基础，经过"功能转移"，抽象而充满生命力的探究性思维便得以形成。

从同理心出发的想象

在推测追踪中,一旦追踪者掌握了大致的路线,并且知道这条路线上有一条动物路径、一条河流或一个关键点,他会暂时放弃直接追踪足迹,径直前往这个关键点,试图在那里重新找到踪迹。为了预测动物的行动,追踪者必须对它有足够了解,甚至与它产生某种认同感。追踪者需要从动物的视角出发,想象它如何移动。

对动物的了解不仅仅是关于其习惯、行为和生态的归纳性知识,它也是一种将自己"置身"于动物之中的能力,以此来提出假设。从这个角度来看,追踪所需的认知能力与我们作为社会性灵长类动物所拥有的"心理理论"能力相融合,也就是能够推测我们人类同类的意图、信念和欲望,并对其进行解读的能力。在从灵长类转变为猎人的过程中,这种"心理理论"能力不再仅仅应用于同类身上,而是扩展到猎物。我们可以假设,智人的认知独特性在于他作为社会性解释者,转向了追踪行为,即利用灵长类动物天生的"心理学家"天赋,来解读其他生物的行为。追踪催化了这种心理和社会性解释能力,并将其扩展(功能转移)到与其他生物的"外交"活动中,这里的"外交"指的是理解其他生物的习性和交流方式。

在追踪过程中，严谨的认知与想象的投射、虚构与准确之间存在着一种奇异的联系。要精准解读线索、正确推理，才能进行合理的虚构，而合理的虚构又有助于更好地指引方向。内心的反思和对外界的强烈关注并不矛盾：追踪的确意味着集中注意力思考，在整个过程中却又置身事外。它意味着向外思考，沉浸到你正在勘测的景观范围内。在这里描述的追踪中，有看不见的东西，有神秘的东西，却没有超验的世界或神圣的存在。世界不只是表象，但它不需要本质或超自然的解释——在那些古老的表象中，包含了足够多的意义、财富、谜团和美丽。

进行推测追踪就是沿着一条想象的路线前进，而无需费力去检查每一个足迹，通过自己的眼睛来想象动物在灌木丛中的路线。专家的眼睛望向远方，他不看地面，而是在"梦想"它。也就是说，他只会在自己设想的地方寻找地面上的迹象。"如果我是你，这只动物，我会做什么？"（但是真正的你，带着你的欲望和厌恶，你的暗示、节奏和世界）这是他迷失时用来重新定位的指南针问题。

某种灵长类动物将推测性追踪能力与"心智理论"结合，这意味着寻找猎物的活动与之前所描述的萨满现象相吻合：一种将精神转移到动物体内的形式。在追踪的日常行为中，在选择压力下，人类原初的拟兽性（如那些半人半兽的神祇，像古埃及的神灵）可能会找到其起源。这种力量使人类能与动物世界进行深层次的融合——具备成为猎狼者与选择道路的羚羊的能力。对于利本贝格而言，耐力狩猎中对自身身体的这种"去中心化"解释了同理心的适应性价值。他的这一直觉源自他与布须曼人追踪者内特的对话，内特解释了追踪过程中内在的必要性："内特告诉我，追踪者必须不断根据大羚羊的状态来评估自己的身体状态——看大羚羊的足迹、步幅的大小以及它移动沙子的方式，这些都能表明它的疲劳程度。你必须将自己的身体状况与大羚羊的状况进行比较。……是你自己的身体感觉告诉你自身的状态以及大羚羊的状态——如果不够关注这些感觉，可能会导致过热。这一例子显示了同理心在狩猎成功中的重要性，以及它在自然选择中的适应性价值。"[11]

这种变形，即便是其最具同理心的形式，也并非浪漫的幻想：根据这一假设，它是一种在智人属进化过程中受到选择压力进化出来的能力。由此可见，所谓的"动物外交"，即试图接触隐藏在其他动物内部的超理性，乃至更广泛的与生物和非生物（如海洋、山脉、天空）的内部逻辑建立联系，依赖于那些古老的能力，而这些能力塑造了人类部分独特的认知特质。

我们是生命世界的外交官，凭借我们动物性的力量去理解一切事物的行为方式，并在面对这些力量时陷入困惑，思考如何加以利用。正确理解这些能力，它们并不意味着人类的例外性。它们不是一种天选的标志，而是众多动物奇特性之一。它们并没有让我们高居于其他生物之上，而是让我们不可避免地融入其中，身处其中的中心：这些是关系性的力量。

*
追踪能力的洗礼

追踪作为一种日常习惯和生存必需品，依赖于在数十万年间被选择出来的认知能力，这些能力可能为人类思维提供"功能转移的储备"。所谓功能转移的储备，指的是我们现有的认知能力，很可能是进化过程中选择出的某些"心理器官"的原始功能被重新用途化的结果。在人类进化过程中，作用于认知能力的复杂且多样的选择压力，构建了一套特征储备，这些特点原本不是为了使我们具有今天的能力，但它们使这些事成为可能——从数学到艺术再到哲学都是如此[12]。在进化生物学中，有两类特征可以构成功能转移。首先是为一种功能而被选择的特征，通过某种意外的变化为另一种功能提供可能性；其次，也是更有趣的一点，是由选定特征的出现引发的结构性限制，这些限制可用于获得新的功能或用途。某个器官越复杂,它表现出的附带结构限制就越多。大脑是一个极其复杂的器官。作为进化过程中被选择出的能力载体,大脑始终可供使用者重新定义其用途。古尔德将这一直觉追溯到达尔文:"达尔文并非严格意义上的适应主义者,他承认大脑虽然确实是通过自然选择构建来实现一系列复杂功能,但由于其复杂的结构,大脑可以在无数与其建构时面对的选择压力无关的方面发挥作用。这其中的许多功能在后来可能会在社会背景中变得重要,甚至对生存至关重要(比如,对于瓦莱斯时代的人来说的下午茶)。大脑为提高我们生存能力所做的大部分努力,都属于功能转移的范畴……"[13]

准确地说,我们需要对功能外适应和用途外适应进行简单区分。前者是指某一特征在新的自然选择过程中获得新功能:例如,鸟类的羽毛起源于体温调节功能,但后来其功能转向飞行,并为此承受了新的选择压力。第二种情况与我们在这里的讨论关系更紧密,它是指个体在没有经过自然选择的情况下将某一特征转为新用途:例如,艺术史学家可能会调整自己的"追踪"技巧,以破译伦勃朗的画作。

追踪无疑导致了选择压力,产生了认知能力,其中一些至今仍在使用,另一部分或其结构性限制则被转移到了新的、前所未见的用途上。文学创作、探索微观世界、追溯苏美尔失落文明的历史——所有这些人类思维的用途部分可能源自追踪，而且这些技能已经被转用于我们尚未完全发掘的新领域。符号阅读的很多能力似乎也源于这种自然习惯，即通过可见的足迹去解读无形的线索。

正因为人类智慧不可琢磨，人类成为一种奇特的动物——它能够一方面闭着眼睛，身在床上，同时又"游荡"于现实中那些无法触及的、消失的、无形的、遥远的角落。人类因此而独特。人类有能力提出并解决过去、未来、理论和实际问题，像幽灵一样萦绕于缺席的景观中。

从根本上说，一个物种当前的生活形式是对旧习惯的颠覆，这些旧习惯在漫长的历史演变中被转化，用以应对新的生存问题——这是一种"拼凑"。但基础材料至关重要，而在这里，这种材料正是追踪中的认知能力，即符号的解读与对缺席事物的内在重构。解释和重构是追踪中无处不在的两种活动，它们远早于文字的出现（文字大约三四千年前才出现）。但是，当追踪作为一种生活方式，在它的影响下，书写变得不那么神秘了。符号变得不再那么难以理解，因为足迹作为一种线索，是从图像联想（如烟与火）到符号指涉（如词语与事物）之间的中介，它促成了这种过渡。正是追踪使我们能够思考符号思维的出现条件、口语的产生以及书面文字的形成——这些都是足迹的不同表现形式。

伴随着原始的追踪艺术，也是人类历史上第一个调查者形象的出现，我们可能正在见证与我们智慧类似之物的出现。然而，这是一种高度生态敏感的智慧：对生物世界微妙的震颤、丰富多彩的意义和互动极为敏锐。这是一种生态智慧，随着我们将给予的环境视作"自然"，再将自然视为"物质"而逐渐被遗忘。当我们封闭在人类的狭隘世界中，失去了与动物和植物共同体中那伟大生命的政治联系时，这种智慧便被遗弃了。今天，或许这种智慧值得被重新发掘，并被科学研究、传统知识和艺术唤起力量再次滋养，以便我们能够与周围及体内的生命体和谐共存，建立良好的共生关系。

在智人发展的不同阶段，可能先是直立人，然后是智人的领土探索过程中，迁移到新环境促使了觅食技术的多样化（如采集贝类、捕鱼、设陷阱以及在植物更为多样化的生态系统中丰富采集活动），最终在新石器时代达到了驯化和食物储存这一革命性成果。这种觅食技术的多样化首先使得追踪能力的选择压力减轻，使得这些能力可以转用于其他用途。这种功能空缺的状态是功能转移的典型特征，它代表着某种特征被"释放"，可以发生意料之外的功能变化（这里是用途变化），这种变化可能彻底改变一种生活形式。然而，追踪行为的原型形式仍然保留在我们身上。在人类这个复杂的生物体内，追踪行为的模块仍然存在于我们的"重写文稿"中（那些被反复擦除和重写的羊皮纸），但后来的转变几乎让它变得难以辨认。

我们独特的认知能力部分来自我们身上积累的外适应性，即行为和思考能力：这些是我们祖先的遗产。我们提到过追踪者—采集者的祖先（解读符号、探究），以及作为社会性动物的祖先，他们注定要协作和集体生活（心智理论、推测他人意图）。我们还提到了其他进化趋同的表现，比如猎豹的耐心、选择食物的采集型鹿、作为不知疲倦的品尝者的熊，以及像狼一样探索新环境的开拓者。

我们还应该提到果食和叶食的灵长类采集者祖先，他们对温暖色彩的迷恋，以及它们强大的记忆能力。例如，松鸦能够记住并找回成千上万藏起来的种子，这展现了被选择出来的认知能力；再例如，辨别药用植物和毒物之间的差别，这属于根据细微差别进行类别区分的能力。他们还具备归纳能力，即能够将某一特性推广到整类植物，并在其亲属中寻找类似特性，甚至可以使用概念，例如自然学家所说的"整体印象"的原始形式，同时对一切新事物充满了愉快的好奇心。

源自狩猎生活的认知和情感元素，结合了我们作为社会性灵长类动物、古代果食动物以及远古猎物的历史，最终形成了我们这个仍然充满谜团的整合性复杂体。这些动物性祖先、相应的选择压力，以及被选择出来的能力转向新的、超越自然选择的用途，构成了我们今天所谓"自由"的可能性条件。人类悠久的狩猎历史被新石器时代的农业掩盖，农业改变了我们获取食物的方式。农业仅占据了人类历史的百分之三，却重新引导了狩猎生活所形成的心智能力矩阵，开辟了手、心智和欲望的全新用途。然而，那数十万年间对动物的密集追踪和生存需求，可能深刻塑造了我们内在的结构：这就是智人——一个生活在没有猎物的世界里的追踪者。

源自狩猎生活的认知和情感元素，结合了我们作为社会性灵长类动物、古代果食动物以及远古猎物的历史，最终形成了我们这个仍然充满谜团的整合性复杂体。这些动物的祖先，相应的选择压力，以及为逃避自然选择而释放出的新用途所选择的能力，是我们现在称之为自由的条件。

*
追踪的存在主义起源

如果我们遵循这一假设，那么追踪就是智人的一种原始、无处不在的活动。尽管追踪已被现代人遗忘，但它仍是构建我们部分认知条件的基础。那么，它又何尝不是我们基础情感的一部分呢？

坦普尔·葛兰汀（Temple Grandin）作为首屈一指的动物行为学专家，分析了支撑我们各种目标的情感力量，认为它是进化追踪行为的衍生物。通过动物神经生物学的研究进展，她将这种情感解释为一种"寻找"的神经元之爱，即对追寻本身的渴望，而不仅仅是找到的喜悦。她因此提出了关于人类"追寻"这一活动的深刻意义的理论，这种追寻在西方骑士精神、北欧传说、侦探小说以及几乎所有冒险文学中得到了神话化。她的分析通过研究动物生活中的行为特异性，帮助人类更好地理解自身。

葛兰汀借鉴了神经科学家雅克·潘克塞普（Jaak Panksepp）的实验结果。潘克塞普提出了"探索系统"（他用大写字母 SEEKING 表示）这一概念，指代当生物表现出"强烈兴趣、专注好奇和高度期待"[14]情绪时所激活的神经系统，这种情绪通常伴随着寻找食物的过程。这些情绪在寻找巢穴或性伴侣时也会出现。

潘克塞普的发现具有决定性意义，因为他将这一神经回路与某种全新的机制联系起来："研究人员曾认为这些回路是愉悦中心，有时称为满足中心。由于多巴胺是该区域的主要神经递质，他们将其视为愉悦的化学媒介。"[15]

事实上，实验动物并非通过刺激快感系统获得多巴胺，而是刺激大脑的"研究者"中枢获得多巴胺："刺激老鼠的是它们的好奇心——兴趣——期待回路：快感就是被某件事情刺激，对正在发生的事情非常感兴趣，可以说是深切地体验生活。"[16]

这种情绪在一般食物寻找中表现出来，而在捕猎中尤为强烈，因为食物更难获取。我们可以假设，一个在捕猎中体验到强烈愉悦的捕食者会因此获得一种适应性优势，且这一优势可能通过选择得到加强。更普遍地说，正如达尔文所指出的，进化往往会将纯粹的愉悦内化为一种在生存中有利的行为（在这里指任何以某种方式提升选择价值的行为）。潘克塞普展示了捕猎激活了与"探索系统"（好奇、兴趣、期待）相同的神经网络，带来类似的愉悦感和追寻的喜悦[17]。这种由食物追寻带来的情感，可能在我们日常生活中的各种"追寻"行为中被重新赋予了新的用途，脱离了实际的捕猎和营养需求。

"所有人都喜欢'狩猎'，每个人的方式各不相同：有些人在跳蚤市场里寻找宝贝；有些人在互联网上搜寻医学问题的答案；还有些人去教堂或参加哲学研讨会，以期发现人生的意义。所有这些活动调动的都是相同的大脑系统。"[18]

区分愉悦回路和探索回路的关键在于其激活的时间性："当动物感知到附近可能有食物时，大脑的这个区域开始激活，并在食物真正出现时停止。探索回路在寻找食物时兴奋，但当食物被找到并食用后不再兴奋。真正令人愉悦的，是探索过程本身。"[19]

多巴胺或许并非"愉悦"激素，而是"追寻"激素[20]。追踪是一种饱含激情的探索，构成了人类追寻本质中的动物性成分。那些兴趣、期待、专注好奇、源源不断的活力和"心流"体验的复杂情感集合，其实是脑回路的一种功能转移，将本用于极度关注生存必需事项的原始功能转向了追踪和发现逃离的猎物。"我们在这个已消失的世界的森林中保持敏锐和警觉。"[21]

现代心理学对人们称之为"幸福"的体验的研究令人着迷，而这项研究恰好也是基于这种体验类型。心理学家提出了"心流"或"最佳体验"[22]的概念，来描述这种内在的高度专注状态，它朝向一个深切渴望的目标，个体意识在这种状态中消失，转而全身心地倾注在追寻中，动员起全部的力量。正如勒内·夏尔在《修普诺斯手册》[23]中写道："要在跃动中，而不是在那终局的盛宴中。"

我们探索系统的功能转移为生活增添了色彩，它在我们大脑的褶皱间奠定了我们的追寻、我们的计划和我们的生命力的基础，使我们能够成就伟大的事业。这一行为模式具有动物形态的特征，因为正是通过关注动物的复杂行为和情感，我们才得以更好地理解自己，理解进化将我们与它们编织在一起的纽带。因此，葛兰汀提出了一种关于追寻之乐的动物理论：《堂吉诃德》便是这一持续、炽热的探索系统在"动物大脑"中的生动表现。

葛兰汀是一位杰出的人类行为学家：她通过正视我们内在的动物生命的巨大力量，以及其微妙的、多声部的决定性，来说明我们是谁，这与任何简单的物理化学决定论都相去甚远。她不仅没有剥夺我们的人性，反而让它焕发生机。她使作为动物身体的奥秘显现出来，而这与将人类贬为单纯的动物的消极欢愉完全不同。还原论把身体等同于机器，把动物性视为原始低劣的。她提醒我们不要忘记，我们首先作为一具躯体来进行生存的精神体验：爱、恐惧和生存的痛苦、最高的思想、研究和好奇心、欲望与和平。

这就是以生物学术语分析人类生活的力量所在：它体现在能够让人类存在中最微妙和最崇高的方面变得可理解，而不贬低它们的意义。

今天的追踪因此具备了另一层意义。它不再仅仅是一种自然主义的民俗实践，而是如保罗·谢泼德所说，它是"汲取自更新世的源泉"[24]。这种连接远非浪漫的"林中生活"体验，而是以一种具体方式的呈现：让我们人类生物图谱的一个片段在我们体内升华，与这一源初之举，即追踪，相重合。追踪实际塑造了我们认知和情感能力的一部分，进而塑造了我们的部分本质。这是一种体验，让人感受到人类的漫长历史如何在我们身上浮现，与当下融为一体。

共有之物的起源

最后,这种富有哲理的追踪绝非一种孤独的"鲁滨逊式"冒险:我们常常几个人一同追踪,且充满喜悦。这种集体活动增强了注意力的质量和追踪中的虚构能力,在追踪中,讲述故事可以让我们提出假设,然后实地验证它们(任何事物都不可能存在而不留下痕迹)。

在这里,追踪者既不是那种独自在崇高森林中徜徉的浪漫散步者,也不是眉头微蹙便能理解线索的沉默"印第安人"形象。这里的追踪是低声交谈、解读、辩论。人们讲述故事,将生命去自然化:追踪者需要赋予这些生物历史性,使其复杂化,以还原其个体和群体生命中不可预测的纹理。面对这些仅存的痕迹——过去留给现在的微小残留,缺少生动行动与存在,正是多重叙事、嵌套假设的力量让幽灵重生,让那些留下足迹的生命在我们眼前再次具象化。

一天早上,在安大略省阿尔冈昆公园的瓮湖,我们在一条溪流的灌木丛深处发现了一只麋鹿的足迹。我们无法确定它的性别,但它体型硕大,蹄长超过 15 厘米。成年麋鹿的最高身高可达 2 米,体重可达 600 公斤。这只麋鹿逆流而上。它的踪迹在第一个转弯处消失。一开始我们小心仔细地解读追踪中所见的痕迹，但很快我们就发现自己对这些痕迹知之甚少。我们中的一个人用低沉的声音表述他认为麋鹿将会逆流而上，因为麋鹿运动的方向已经被确定；另一个人说麋鹿转向了一块长满草的平地。前者反对后者的说法，因为转弯太曲折了，要穿过一丛松树，松林间的路对麋鹿来说太狭窄了；后者摇了摇头，指了指那个方向，并建议我们过去查看一番。草地上果然有麋鹿的足迹，那独特的左右交替的步态，恬静优雅。我们离开平地时又失去了麋鹿的踪迹。两个追踪者迟疑地看着对方：第一个人打出了"推测性追踪"的手势。这意味着你不再系统地逐一寻找踪迹，而是抬起头，构想动物大致的运动方向，直到找到最新的踪迹，然后在脑海中推测动物的去向，在哪个方向能找到下一个踪迹。然后，你就可以直接去那里，而不用漫无目的地扫视地面。

非常新鲜的粪便表明麋鹿应该就在附近，不能贸然惊扰它。大家低声讨论着，蹲在发现的踪迹周围。经过几番激烈讨论、跟丢踪迹又重新发现后，终于找到一片小小的冷杉林，那很可能是麋鹿躲进去小憩的地方（这里的驼鹿是夜行性动物）。在浓密、无法穿透的冷杉林边缘，有一些极为新鲜的粪便，进入林中只会将麋鹿逼入死角，或让它惊慌逃窜。于是，大家便在一个小山谷中守候，溪流和枝叶环绕四周，带着微笑和宁静等待。

因此，当我们几个人走在山路上时，没有沉默，而是交谈不断，享受着与人类之外的生物共处的快乐，以及通过讲述故事来挖掘可能的过去。没有在沉默中沉思崇高事物的人类，只有滔滔不绝的动物在探究共同世界的奥秘。一切都需要对话，需要分享标志、线索、标记、气味、变动的颜色和丰富的信息素——因为我们无法轻易了解到它们本身或它们的意义，所以更需要对话。生活领地再次成为一个古老意义上的商业场所，一个多元生命形式之间丰富多彩的世界性商业场所，而不是一个独自沉思的地方。

此处高度社会化，在这里我们可以窥见导言中的那个奇怪公式的可能含义之一：阿尔冈昆人自发地与森林保持社会关系。因此，书写这些经历与自然写作毫无关系。其次，因为这里没有"自然"，只有活生生的领土，居住着活生生的人，他们有自己的历史、自己的社会关系和生活方式，他们的地缘政治关系是群聚生活者们所特有的，而这一切都不是传统意义上的"自然"。

如果我们要推断追踪活动中这种无所不在的辩论所产生的结果，那么这种现象中存在着相当重要的东西，在智人（可能还有他的祖先）进行耐力狩猎的最初几十万年里，这种现象就已经存在，要求他们不能把踪迹跟丢。我们不是通过神秘的直觉来追踪，而是通过炽热的身体、感官、想象和推理来进行的。

如果我们抛弃追踪者的原始形象，即一个孤独、沉默的印第安人，他仅凭直觉，不用言语，不用推理，凭感觉就能抓住事物隐藏的本质；那么剩下的追踪者的形象就仅剩在远古时代，围绕着一组足迹进行追踪的人。他们获得了什么？在交谈中，每个人都提出自己的观点，进行无休止的争论。人类学家利本贝格在他的著作中清楚表明，当代的布须曼族追踪者继续采取这种集体辩论的方式来解释足迹。另外，他还从中看到了科学评价体系中同行评审的雏形。

我们可以再往前追溯，重构这一现象起源的不同叙事：辩论的发明是为了发展出一种共同叙事，以应对分歧。集体对起源喋喋不休的争论，是为了在不透明的共同情况下产生一个共同的意见，并为群体规划出一条统一的道路。这在某种程度上标志着集体智慧的诞生，集体智慧专注于共同问题，后来逐渐演变为"公共事务"的形式，成为雅典的"集会广场"。这像是"不眠之夜运动"（Nuit Debout）的场景，但包含了饥饿带来的实际压力，推动人们迅速做出决定并采取行动。

也正是在无数其他事件之中，作为灵长类动物的人类的开始变成今天的样子，开始拥有这种奇特的生命形式。历史学家马塞尔·德蒂安在一本著名的书中提出，政治理性是一种平等、集体的对话艺术，他认其可以从多重经验的不同混沌中构建一个共同的表述，并为群体指引方向。这延续了雅典军队共享情报的传统。《伊利亚特》开头的战士圈就是一个例子，但在古雅典，这个圈子扩大到所有公民士兵。德蒂安将真理的掌握者——神圣言论的唯一传播者，与雅典征兵制带来的言论世俗化进行了对比：正是在这支公民军队中诞生了言论，即对话，一种"平等的权利"用来"讨论共同事务"[25]。王权和巫师垄断真理的时代结束了：如今，真理是通过被视为平等的群体成员之间的平等对话共同构建。当然，大多数人被排除在这种平等之外，但这是另一回事。

就其本身的规模而言，关于从神圣真理的掌控者转向古希腊世俗化的政治对话的这一假设，或许非常准确精妙。然而，如果我们试图寻找一种更古老且更包容其他民族的平等辩论起源叙事，以解决共同事务，则需要找到一种更具年代感和宽泛视野的来源。

令人着迷的是，我们倾向于将对自我起源（如民主言论）的叙事根基设立在如此近的过去（主要是希腊或犹太-基督教的传统），以此使其脱离动物性并赋予神圣色彩，远离我们的动物起源。然而，我们的真实谱系历时数十万年，甚至数百万年。如果人类历史的叙事以三千多年前的文明和文字诞生为开端，就如同试图为一个寿命百岁的人写传记，却从他九十九岁时开始写起——仿佛在他出生到九十九岁间发生的一切对他并未产生实质影响。

集体理性作为一种辩论性和平等对话的艺术，其最初的萌芽很可能并非在希腊，也非在过去一万年间所谓的"文明社会"中。更合理且更简洁的假设是，这种理性逐渐诞生于动物性力量的积累中，历经数十万年，部分源于追踪活动——在这种活动中，群体需通过集体解读眼前的足迹，以求共同寻找猎物。

这一假设也许需要比这般想象更为细致和严谨的考察，但可以这样概括：当一个群体聚集在动物足迹前，必须决定前进的方向。每个人都会对不同的解释进行评估，比较各自的优劣。每个人根据自己掌握的信息发言，听众则根据其论据的质量或他在重构踪迹方面的能力倾听。最终，共同为行动开辟方向。卡拉哈里布须曼人如今仍然会这样做。

这种实践要求集体判断值得追踪的目标，以及前进的方向。论证与富含经验的想象交织在一起，围绕那些不可见的事物展开，服务于那些为了求真、为共同在大地上指引方向而必须讲述的故事。

这就像是公共生活的一部分，也是在露天场合下诞生的"民主"一词的含义的起源：一场旨在将个人、片段化的感知整合为共同叙事的集体辩论，以便将每个人脑海中隐藏的不同视角汇聚成一道一致的方向，从而能够在同一条路径上共同前行，哪怕只是一段时间。

想象一下，在远古时代，一群面目模糊的古人类，用某种我们无法理解的原始语言交流,他们在沙地中发现一条踪迹,行至最后一个足迹,便失去了线索。一个人将矛指向西方,另一个人则指向东方:他从地面的谜团中看到了不同的东西,那些看得见的痕迹迫使他去看见不可见之物,去想象和思考。于是他们围成一圈,开始用手势和短语展开一场我们无法解读的商议,将每个人的解释置于他人的智慧之下检验,共同确定前行的方向。

注　释

前言

1. 让-克里斯朵夫·拜伊（Jean-Christophe Bailly），《动物的立场》（*Le Parti pris des animaux*），克里斯蒂安·布尔戈瓦出版社（Christian Bourgois éditeur），巴黎，2013年。
2. 巴蒂斯特·莫里佐（Baptiste Morizot）在与皮埃尔·夏博尼耶（Pierre Charbonnier）和布鲁诺·拉图尔的访谈中提出了从始动的角度思考与生物的关系的观点：《重新发现大地》（"Redécouvrir la terre"），载于《痕迹》（*Tracés*）. 人文社科杂志［线上版］，2017年第33期，2017年9月19日上线，2017年12月14日访问。URL: http://journals.openedition.org/traces/7071; DOI:10.4000/traces.7071。
3. 这种没有亲近感的亲密关系的恰当例子：雅各布·梅特卡夫（Jacob Metcalf）关于人类与灰熊相遇的文章《没有亲近感的亲密关系：将灰熊作为同伴相遇》（"Intimacy without Proximity: Encountering Grizzlies as a Companion Species"），《环境哲学》（*Environmental Philosophy*），第5卷，第2期，2008年秋。

4. 见上文引用的对皮埃尔·夏博尼耶和布鲁诺·拉图尔的访谈。
5. 关于这个主题，可以参考拉图尔的精彩提议，《着陆何处？地球危机下的政治宣言》（*Où atterrir? Comment s'orienter en politique*），自由笔记系列（"Cahiers libres"），发现出版社（La Découverte），巴黎，2017年；在某种程度上，巴蒂斯特·莫里佐的工作对此作出了兼具探索性和实用性的回应。
6. 水林章（Akira Mizubayashi），《小调，一种激情编年史》（*Mélodie, chronique d'une passion*），Folio 系列，伽利玛出版社（Gallimard），巴黎，2013。
7. 巴蒂斯特·莫里佐，《外交官：在别处与狼共舞》（*Les Diplomates. Cohabiter avec les loups sur une autre carte du vivant*），野性计划系列（Wildproject），马赛，2016，第149页。

序章　走进丛林

1. 菲利普·德斯科拉（Philippe Descola），《超越自然和文化》（*Par-delà nature et culture*），NRF 文丛（NRF Essais），巴黎，2005年。
2. 同上书，第440页。
3. 吉尔·哈弗（Gilles Havard），《森林行者的历史：北美1600—1840》（*Histoire des coureurs de bois, Amérique du Nord 1600-1840*），Les Indes Savantes 出版社，巴黎，2016年。
4. 沃尔特·惠特曼，《大路之歌》（"Le chant de la grand-route"），载于《草叶集》（*Feuilles d'herbe*, 1855），伽利玛出版社，巴黎，2002年。

5. 埃马努埃莱·科西亚（Emanuele Coccia）在《植物的生命：一种混合的形而上学》（*La Vie des plantes. Une métaphysique du mélange*, 1855）中对此现象有精彩的描述，Rivages 出版社，巴黎，2016 年。
6. 克洛德·列维-斯特劳斯（Claude Lévi-Strauss）与迪迪埃·埃里邦（Didier Eribon），《远与近》（*De près et de loin*），奥迪勒·雅各布出版社，巴黎，1988 年，第 193 页。
7. 沃尔特·惠特曼，《大路之歌》，载于《草叶集》，前引。

第一章 狼的踪迹

1. 勒内·夏尔（René Char），《修普诺斯手册》（*Feuillets d'Hypnos*），伽利玛出版社，巴黎，1946 年。
2. 阿道夫·波特曼（Adolf Portmann），《动物的形态》（*La Forme animale*），图书馆（La Bibliothèque）出版社，巴黎，2014 年，第 246 页。
3. 让-马克·莫里索（Jean-Marc Moriceau）与菲利浦·马德莱娜（Philippe Madeline）主编，《由狼的回归带来的野性的思考：人文学科的启示》（*Repenser le sauvage grâce au retour du loup. Les sciences humaines interpellées*），PUC 出版社，卡昂，2010 年，第 117 页。
4. 奥尔多·利奥波德（Aldo Leopold），《沙乡年鉴》（*Almanach d'un comté des sables*），弗拉马利翁出版社（Flammarion），巴黎，2000 年。
5. 康拉德·洛伦兹（Konrad Lorenz），《镜子的另一面：认知的自然史》（*L'Envers du miroir. Pour une histoire naturelle de la connaissance*），弗拉马利翁出版社，巴黎，2010 年。
6. 可分别译为"自由"（libre）和"孤独"（solitaire）。

第二章 一头站立的熊

1. 爱德华·威尔逊（Edward O. Wilson），《亲近生命》（*Biophilie*, 1984），José Corti 出版社，巴黎，2012 年。
2. 《熊的尘烟》（*Le Sutra de Smokey*）是加里·斯奈德（Gary Snyder）的一首诗。原名：*Smokey the Bear Sutra*，1969 年。
3. 关于原始人与动物之间的外交关系，见保罗·谢泼德（Paul Shepard），《论动物朋友》（"On Animal Friends"），收录于斯蒂芬·R. 凯勒特（Stephen R. Kellert）、爱德华·威尔逊主编，《动物亲和假说》（*The Biophilia Hypothesis*），岛屿出版社（Island Press），华盛顿，1993 年。
4. "采取一切必要手段。"
5. 有些人可能会说是"从动物到动物"。但将动物互动等同于物理攻击是错误的：外交关系并不比"露出牙齿和爪子"的冲突更少表现出动物性，因为仪式化的对话在动物生态关系中（无论是竞争关系还是共栖关系）并不比物理对抗少见。
6. 克里斯蒂娜·艾森伯格（Cristina Eisenberg）：《食肉动物之道：北美掠食者的共存与保护》（*The Carnivore Way, Coexisting and Conserving North America's Predators*），岛屿出版社，华盛顿，2014 年，第 99 页。
7. 大卫·奎曼（David Quammen），《上帝的怪兽：历史与心灵丛林中食人者的故事》（*Monster of God. The Man-Eating Predator in the Jungles of History and the Mind*），诺顿公司，纽约，2004。
8. 薇尔·普鲁姆德（Val Plumwood），《人类的脆弱性与作为动物的体验》（"Human Vulnerability and the Experience of

Being Prey"），1995 年，《象限》（*Quadrant*），第 39 卷，314 期，第 29—34 页。

9. 同上书，第 31 页。

10. 事实上，地球上所有生物的能量都来自太阳，通过光合作用获得（除了极少数位于海洋深处的化能细菌，它们以化合物的氧化作为初始能量来源）。

11. 关于西伯利亚萨满教的宇宙观，请阅读罗伯特·哈玛永（Roberte Hamayon）的《灵魂狩猎：西伯利亚萨满教理论概述》（*La Chasse à l'âme. Esquisse d'une théorie du chamanisme sibérien*），社会人种学（Société d'ethnologie），巴黎，1990 年。另见爱德华多·维韦罗斯·德·卡斯特罗宇宙的普遍结构作为互为捕食的视角，《从敌人的角度看：亚马逊社会中的人性与神性》（*From the Enemy's Point of View, Humanity and Divinity in Amazonian Society*），芝加哥大学出版社，芝加哥，1992 年。

12. 薇尔·普鲁姆德，前引书，第 34 页。

第三章　豹的耐心

1. 保罗·谢泼德，《自然与疯狂》（*Nature and Madness*），佐治亚大学出版社，雅典，1988 年，第 52 页。

2. 奥马尔·海亚姆（Omar Khayam），《鲁拜集》（*Rubayat*），伽利玛出版社，巴黎，1994 年，第 71 四行诗。

3. 查尔斯·达尔文：《笔记（1836—1844 年）》，剑桥大学出版社，2009 年，第 524 页。

4. 关于动物祖先性的直觉，主要源于保罗·谢泼德的思想，尤其是在《我们只有一个地球》（*Nous n'avons qu'une seule terre*, 1996）中的"眼睛"一章，José Corti 出版社，巴黎，

2013年。

5. 圣奥古斯丁，《全集》（*Œuvres complètes*），劳克斯出版社（éditions Raulx），巴尔勒杜克，第十二卷，第十五章："耐心的真实来源"。

6. 阿拉斯加的卡特迈国家公园安装了摄像机，对荒野中的某些关键地点进行连续拍摄。夏天，您可以连续几天从电脑屏幕上观看灰熊在激流中捕捉鲑鱼的实况，无解说、无剪辑、无舞台效果添加。www.explore.org/live-cams。

7. 适应是进化论中的一个概念，用来描述功能的意外变化：为了最初用途而选择的生物特征随后被转用于新的功能或用途。例如，作为鸟类祖先的恐龙进化出羽毛，最初并不是为了飞行，而是为了调节体温或展示自我。后来，它们才促进了飞行能力的诞生和发展。参见 S. 杰伊·古尔德（S. Jay-Gould）及 E. 弗尔巴（E. Vrba），《形式科学中的蜕变和适应》（"Exaptation a missing term in the science of Form"），《古生物学》（*Paleobiology*），第八卷，1982年冬第一期，第4—15页。

8. 爱德华多·维韦罗斯·德·卡斯特罗，《相对原住民》（*The Relative Native*），芝加哥大学出版社，芝加哥，2016年，第243页。

9. 达维·科佩纳瓦（Davi Kopenawa）与布鲁斯·艾伯特（Bruce Albert），《天空的坠落》（*La Chute du ciel*, 2010），人类与地球系列，口袋书出版社，巴黎，2014年。

第四章　追踪的隐秘艺术

1. 乔治·勒·罗伊（Georges Le Roy），《动物书简》（*Lettres sur les animaux*），书信 II，伏尔泰基金会（The Voltaire

Foundation),牛津,1994年,第24页。

2. 路易·利本贝格(Louis Liebenberg),《追踪艺术的科学的起源》(*The Art of Tracking. The Origine of Science*),大卫·菲利普出版社(David Philip Publishers),克莱蒙特,1990年,第38页。

3. 爱德华多·维韦罗斯·德·卡斯特罗,《食人族的形而上学》(*Métaphysiques cannibales*),PUF出版社,巴黎,2009年,第20页。

4. 米歇尔·德·蒙田,《随笔集》(*Essais*),伽利玛出版社,巴黎,第1册,第39章。

5. 见米歇尔·罗斯维格(Michael Rosenzweig),《双赢生态,生物在人类地球上的幸存方式》(*Win-Win Ecology. How the Earth's Species Can Survive in the Midst of Human Enterprise*),牛津大学出版社(Oxford University Press),2003年,第5页:"我们可以学习如何使我们对土地的利用与众多物种的需求相协调。甚至可能与大多数物种相协调。如果它们能够进入我们的农田、城市公园、学校操场、军事基地,甚至我们的私人花园,那么它们就有生存的机会。如果它们生活在我们生活的地方,那么它们将拥有我们所拥有的一切。我们将因此能够最大限度地减少灭绝的风险。"

6. 罗安清(Anna Lowenhaupt Tsing),《末日松茸:资本主义废墟上的生活可能》(2015),发现出版社(La Découverte),巴黎,2017年。

7. 蒙塞拉·苏阿勒·罗德哥(Montserrat Suárez-Rodríguez),伊莎贝拉·罗贝·鲁尔(Isabel López-Rull)与康斯坦丁·马西亚·加西亚(Constantino Macías Garcia),《将烟头放入鸟

巢可减少城市鸟类的巢外寄生虫数量：老配方的新成分么？》（"Incorporation of Cigarette Butts into Nests Reduces Nest Ectoparasite Load in Urban Birds: New Ingredients for an Old Re-cipe?"），《生物学通讯》（*Biology Letters*），第9卷，第1期，2013年。

第五章　蚯蚓的宇宙论

1. 罗伯特·哈玛永，前引书，第373页。
2. F. 德雷（F. Delay）和 J. 胡博（J. Roubaud）译，《红色声部，印第安歌谣与诗歌》（*Partition rouge, chants et poèmes indiens*），瑟伊（Seuil）出版社，巴黎，1988年，第194页。
3. 制药业直到20世纪才开始合成这些物质（例如阿司匹林，其成分之一的水杨苷存在于杨树的芽和柳树的树皮中，在肝脏代谢后转化为水杨酸）。
4. 布莱斯·帕斯卡尔（Blaise Pascal），《思想录》（*Pensées*），口袋书出版社，巴黎，2000年，第58页。

第六章　追踪的起源

1. 参见BBC关于此问题的精彩片段，收录于《哺乳动物的生活》（*Life of Mammals*, 2002—2003），由大卫·阿滕伯勒（David Attenborough）解说，在线观看：https://www.youtube.com/watch?v=826HMLoiE_o。
2. 利本贝格，前引书，第119页。
3. 同上书，第83页。
4. 同上书，第57页。
5. 个人交流。
6. 另需注意"随机追踪"（random tracking）的存在，即在没有任何线索可见时进行的追踪。根据利本贝格的研究，布须曼人利用皮革圆盘进行占卜。这使我们不难联想到萨满教的某些功能：掌控随机性，在绝对不确定中绘制出方向。在狩猎之前，通过占卜圆盘确定前进方向，因为此时尚无任何信息。利本贝格提出两种假设：要么圆盘的解读基于他们对猎物活动的了解；要么用于随机多样化行进路线，以应对猎物根据猎人重复的习惯所产生的应变能力，进而引入一种不可预测性和有益的更新。见利本贝格的同一著作，第120页。

7. 同上书，第112页。

8. 根据皮尔斯（Peirce）的观点，"归纳更倾向于对假设的验证，不论结果是被证实还是被否定"，正如克洛丁·蒂尔斯兰（Claudine Tiercelin）所指出的那样，她在《C. S. 皮尔斯与实用主义》中详细描述了这种三阶段的科学方法，PUF出版社，巴黎，1993年，第95—98页。

9. 见伊恩·哈金（Ian Hacking），《科学与现实之间》，发现出版社，巴黎，2001年。

10. 利本贝格，前引书，第60页。

11. 同上书，第39页。

12. 历史学家卡洛·金茨堡（Carlo Ginzburg）在《神话，徽章，痕迹》（*Mythes, emblèmes, traces*）一书中指出，阅读线索也是认知能力的起源，这种认知能力包括从表面上无关紧要的实验事实追溯到无法直接体验的复杂现实。金茨堡认为，这是人类思想史上最古老的姿态，是史前猎人的姿态。数千年来，人类通过狩猎活动，学会了从泥土中的印记里重建可视猎物的形状和动作。"他学会了在灌木丛深处或充满陷阱的空地上以闪电般的速度对复杂的情况进行快速思考。"(金茨堡，弗拉马利翁出版社，巴黎，1989年，第148页）因此，追踪是符号学的源头：分析个案的行为，只能通过蛛丝马迹、症状和线索来重建。更进一步说，在他看来，追踪成为一种"线索范式"的起源，这一范式构成了现代科学的一个重要领域，如医学、法学、历史学、古生物学以及刑事调查。

13. 斯蒂芬·杰伊·古尔德（Stephen Jay Gould），《进化论的结构》（*La Structure de la théorie de l'évolution*, 1972），巴黎，伽利玛出版社，2006年，第1766页。

14. 坦普尔·葛兰汀，《动物阐释者》（*L'Interprète des animaux*），奥迪尔·雅各布出版社，巴黎，2004年，第115页。

15. 同上书，第116页。

16. 同上。

17. 然而，在狩猎和最终捕杀过程中，用于攻击同类或自我防卫的"愤怒"神经回路并未被激活。"动物始终保持冷静和安静"，见葛兰汀，同上书，第164页。可见，捕食的现实与道德上的解释有着多么大的差距。因此，问题并不在于以捕杀为中心的狩猎，它并非充满战争想象或睾酮激增的活动，而在于追踪作为一种追寻，一种探索，一种对感官和动物性大脑的唤醒。

18. 同上书，第117页。

19. 同上。

20. 吉尔·德勒兹（Gilles Deleuze）提出的一个概念性区分，在生物形态学的基础上得到了支持：愉悦与欲望的价值区别。将愉悦与生命的强化联系起来是一种错误；愉悦是短暂的，它满足却使人沉睡，而多巴胺则是欲望的化学指标：正是它带来了令人振奋的喜悦和生命的强化，享乐主义误以为可以在愉悦中找到这种体验，但由于这一混淆而未能实现。

21. 爱德华·威尔逊，《亲近生命》（*Biophilie*），前揭，第132页。
22. 米哈里·契克森米哈赖（Mihaly Csikszentmihalyi），《心流：最佳体验心理学》（*Flow. The Psychology of Optimal Experience*, 1990），纽约哈珀出版社，2008年。
23. 《格言187》，选自《勒内·夏尔诗与散文选集》（*Poèmes et proses choisis de René Char*），NRF，伽利玛出版社，巴黎，1957年，第59页。
24. 保罗·谢泼德，《回归更新世资源》（*Retour aux sources du Pléistocène*, 1998），外边出版社（éditions Dehors），巴黎，2013年。
25. "我们认为，社会历史背景可能有助于'真理'观念的系谱学研究。在对毕达哥拉斯学派的调查研究中，我们深入探讨了这一领域，发现了言论世俗化过程的痕迹。我们在军事集会中看到了最重要的表现，这一集会赋予了所有战士平等的言论权，使他们能够讨论共同事务。重装步兵大约于公元前650年在城邦出现，这一改革通过引入一种新的武器装备和战争行为方式，促使了'平等且相似'的公民士兵的出现，此时的言论——对话性的言论、世俗的言论、影响他人的言论、试图说服并涉及集体事务的言论——逐渐扩展，逐步取代了传统上有效且蕴含真理的言论。由于其新的、根本上与政治（即集会广场）相关的功能，逻各斯成为一个独立的对象，受自身规律支配。"引自马塞尔·德蒂安（Marcel Detienne），《希腊古风时期的真理大师》（*Les Maîtres de vérité dans la Grèce archaïque*, 1994），口袋书出版社，巴黎，2006年，"真理之口的回顾"，第8—10页。

致　谢

感谢所有直接或间接参与这些考察活动的朋友,这些考察正是这些文字的起源,也感谢他们在之后的校阅工作中的贡献。特别感谢弗雷德里克·艾特-图阿蒂(Frédérique Aït-Touati)和玛丽·卡扎班-马泽罗勒斯(Marie Cazaban-Mazerolles),她们对手稿给予了细致阅读和慷慨反馈。感谢斯特凡·杜兰(Stéphane Durand)的信任与友谊。感谢安妮·德·马莱雷(Anne de Malleray)为我提供了空间与自由,让我能够尝试这些新的形式——哲学追踪叙事。

感谢文西安娜·德普雷,因为她是她自己。

最后,感谢埃斯特尔(Estelle),与我共同探索了许多这些领域,并一起踏上了将它们写成文字的冒险旅程。

图书在版编目（CIP）数据

踏着野兽的足迹 / （法）巴蒂斯特·莫里佐著；赵婕译. -- 上海：东方出版中心, 2025. 2. -- ISBN 978-7-5473-2669-5

Ⅰ. Q958.12

中国国家版本馆CIP数据核字第2025XT5320号

SUR LA PISTE ANIMALE
By BAPTISTE MORIZOT
© ACTES SUD, 2018
Simplified Chinese Edition arranged through S.A.S BiMot Culture, France.
Simplified Chinese Translation Copyright ©2025 by Orient Publishing Center.
ALL RIGHTS RESERVED.

上海市版权局著作权合同登记：图字09-2025-0125号

踏着野兽的足迹

著　　者	[法]巴蒂斯特·莫里佐
译　　者	赵　婕
责任编辑	陈哲泓
装帧设计	付诗意

出 版 人	陈义望
出版发行	东方出版中心
地　　址	上海市仙霞路345号
邮政编码	200336
电　　话	021-62417400
印 刷 者	上海盛通时代印刷有限公司

开　　本	787mm×1092mm　1/32
印　　张	7
字　　数	118千字
版　　次	2025年4月第1版
印　　次	2025年4月第1次印刷
定　　价	60.00元

版权所有　侵权必究

如图书有印装质量问题，请寄回本社出版部调换或拨打021-62597596联系。